DAS UNIVERSUM

RAMAN PRINJA

DAS UNIVERSUM

FASZINIERENDE ENTDECKUNGEN IM ALL

Aus dem Englischen
von Christoph Arndt

PRIMUS
VERLAG

Kamini, Vikas und Sachin, meinen Eltern und meiner Familie in Liebe gewidmet.

Die englische Originalausgabe erschien 2004 bei Mitchell Beazley unter dem Titel „Visions of the Universe. The latest Discoveries in Space revealed".
Mitchell Beazley ist ein Imprint der Octopus Publishing Group Limited, 2–4 Heron Quays, London E14 4JP.

Die Deutsche Bibliothek verzeichnet diese Publikation in der Deutschen Nationalbibliografie; detaillierte bibliografische Daten sind im Internet über http://dnb.ddb.de abrufbar.

Gedruckt auf säurefreiem und alterungsbeständigem Papier

Der Primus Verlag dankt Frau Dipl. Phys. Margit Röser für die fachliche Durchsicht des deutschen Textes.

Produktion der deutschen Ausgabe:
Verlagsbüro Wais & Partner, Stuttgart
Umschlaggestaltung der deutschen Ausgabe:
Jutta Schneider, Frankfurt
Gesetzt aus Univers
Gedruckt und gebunden in China

www.primusverlag.de

ISBN 3-89678-260-6

Die Aufnahme der Raumsonde *Cassini* zeigt eine der detailreichsten Gesamtansichten von Jupiter, die je gelangen. Deutlich sind die rötlich-braunen Bänder und weißen ovalen Zonen seiner dynamischen Atmosphäre erkennbar.

Inhalt

Einführung

Die aufregenden Entdeckungen und faszinierenden Fortschritte in der Astronomie, die derzeit unser Wissen vom Weltall revolutionieren, werden in diesem Buch durch einige der prächtigsten Aufnahmen illustriert, die es je gab. Dank riesiger Teleskope auf Berggipfeln und leistungsfähiger Observatorien in der Erdumlaufbahn wie dem Hubble-Weltraumteleskop boomt gegenwärtig die Erforschung des Universums. Die von so bemerkenswerten Instrumenten gelieferten Bilder werden durch hoch aufgelöste Fotos ergänzt, die von jüngsten Erkundungsmissionen zum Mars, zu Jupiter und unserem Mond zurückgefunkt wurden. Wir wollen untersuchen, wie diese umwälzenden Beobachtungen die Grenzen unserer Erkenntnis erweitern, und die Antworten beleuchten, die sie auf einige grundlegende Fragen des Universums geben.

Auf unserer Reise durch das All begegnen wir einer Fülle unterschiedlicher Phänomene. Von brandaktuellen Beweisen für flüssiges Wasser auf dem Mars und den Jupitermonden führt sie uns zu riesigen Gaswolken, den Brutstätten junger Sterne, bis zu den größten Strukturen im Kosmos, die aus Millionen von Galaxien bestehen. Wir werden Zeugen gigantischer Katastrophen im Universum, von denen wir dank neuester Bilder explodierender Sterne und verheerender Kollisionen zwischen Galaxien erfahren. Energiereiche Prozesse laufen auch bei den energetischen Umwandlungen alternder Sterne ab und in den extrem heißen, wirbelnden Gasstrudeln in der Umgebung alles verschlingender Schwarzer Löcher. Das Bemühen, ein erstaunliches Universum zu verstehen, führt uns zu den spannendsten Rätseln der modernen Astronomie. Dazu zählen die geheimnisvolle Natur der Dunklen Materie und jene noch rätselhaftere Dunkle Energie, welche die Ausdehnung des Weltalls vielleicht immer weiter beschleunigt.

Um unsere heutige Sichtweise der grundlegenden Strukturebenen des Universums darzulegen, beginnen wir quasi vor der Haustür beim Sonnensystem, von wo wir zu den größten Maßstäben im Kosmos vordringen. Unsere Erde ist einer von neun Planeten im Sonnensystem, zu dem weitere fast 100 bislang entdeckte Monde sowie unzählige Eis- und Gesteinsbrocken in Form von Kometen und Asteroiden gehören. Auf die Sonne, das Zentrum des Sonnensystems, entfallen mehr als 99 Prozent seiner Gesamtmasse, und sie liefert den größten Teil der Energie, welche die Planeten erwärmt.

Die Sonne ist ein Stern wie viele andere am Nachthimmel. Die abertausende Sterne, die wir mit bloßem Auge erkennen, sind jedoch nur ein winziger Bruchteil der 100 Milliarden Sterne, aus denen die spiralförmige Struktur unserer Milchstraße besteht. In ihr hat unser Sonnensystem eine Position im äußeren Mittelfeld, relativ weit vom Zentrum der Galaxie entfernt. Galaxien sind gewaltige Sterneninseln, deren Formenvielfalt von wirbelartigen Spiralen bis zu langgestreckten Ellipsen reicht. Manche Galaxien haben keine ausgeprägte Form, oftmals, weil sie infolge von Zusammenstößen mit anderen Galaxien schwer beschädigt wurden. Die meisten Galaxien bilden Haufen mit dutzenden oder gar hunderten von Mitgliedern, die durch ihre gegenseitigen Gravitations-

Die Spiralgalaxie NGC300, aufgenommen durch ein Teleskop der Europäischen Südsternwarte (ESO) in La Silla, Chile. Diese rund 7 Millionen Lichtjahre entfernte Galaxie enthält Milliarden Sterne und ähnelt unserer Milchstraße. Eindrucksvolle Galaxien wie NGC300 sind die Bausteine der größten Strukturen des Universums.

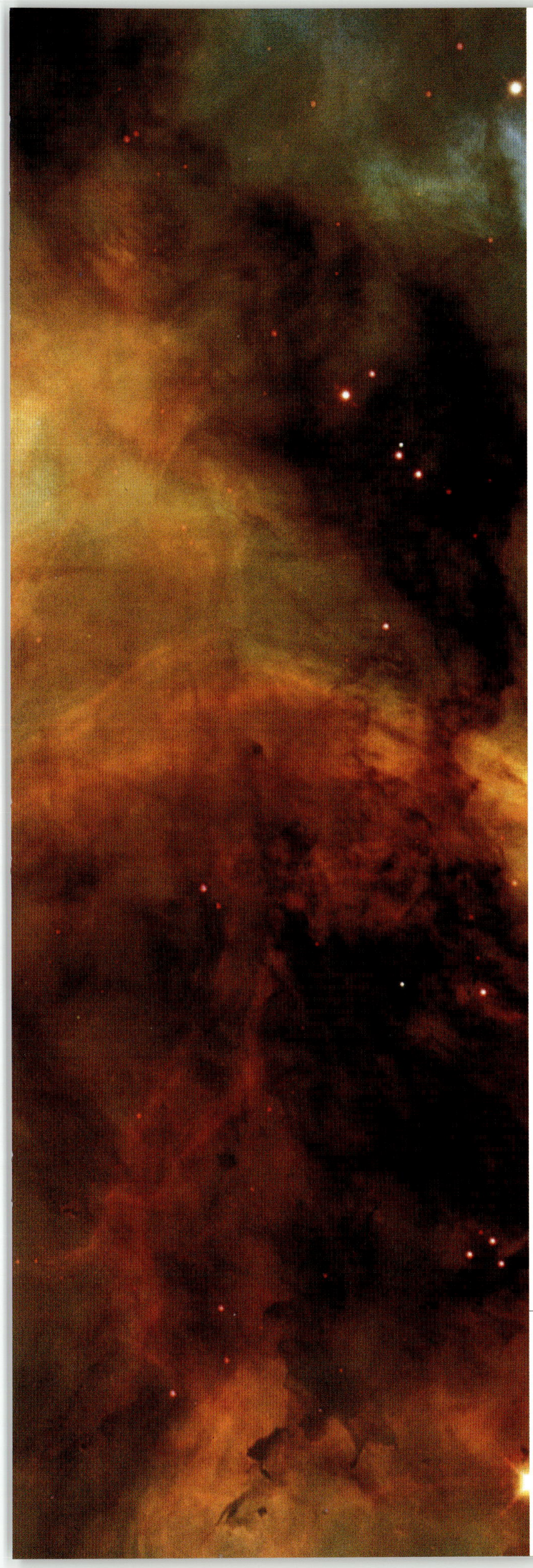

kräfte zusammengehalten werden. Galaxien sind der Ausgangspunkt für die großräumige Struktur des Kosmos. Die mehr als 100 Milliarden Galaxien des sichtbaren Universums sind in gewaltigen Ketten und Flächen angeordnet, zwischen denen sich gigantische Leerräume oder „Löcher" befinden, die nur vereinzelte Galaxien enthalten. Es ist ein großes Ziel der modernen Kosmologie, die Ursache dieser großräumigen Struktur zu verstehen, die dem Weltall ein „schwammiges" oder „schaumiges" Aussehen verleiht.

Eine wesentliche Erkenntnis der Astronomie des 20. Jahrhunderts war die Entdeckung, dass sich das Weltall ausdehnt. Dreht man die „Uhr" zurück, durchlief das Universum in ferner Vergangenheit eine unvorstellbar heiße und dichte Phase, was auf seinen Ursprung vor rund 14 Milliarden Jahren hindeutet, den so genannten Urknall (Big Bang). Seither hat sich das Weltall stetig ausgedehnt, obgleich natürlich auf verhältnismäßig kleinen Skalen die Schwerkraft Oberhand gewann und Materie konzentrierte, aus der dann Strukturen wie Sterne und Galaxien entstanden. Das Bild des Urknalls ist heute das Modell, mit dessen Hilfe wir Ursprung, Entwicklung und Schicksal des Universums zu verstehen suchen.

Unermesslicher Raum

Das Weltall ist unvorstellbar groß. Zu seiner Beschreibung sind gewaltige Dimensionen, Strecken und Zeiträume erforderlich, die unsere gewohnten Perspektiven weit hinter sich lassen. Das Licht legt im Raum 300000 km/sec zurück, doch das ist eine endliche Geschwindigkeit, was heißt, dass selbst das Licht zur Überwindung der enormen Entfernungen im Kosmos mitunter sehr viel Zeit braucht. Vom Mond ist es ungefähr eine Sekunde zu uns unterwegs, während es für 150 Millionen Kilometer von der Sonne zur Erde rund acht Minuten benötigt. Bis uns das Licht der sonnennächsten Sterne erreicht, dauert es etliche Jahre. Die Strecke, die das Licht in einem Jahr zurücklegt, nennt man ein „Lichtjahr", eine der fundamentalen Längeneinheiten in der Astronomie. Es entspricht einer Entfernung von fast 10 Billionen km (eine Eins mit 13

Die Aufnahme des Hubble-Weltraumteleskops zeigt faszinierende Details im so genannten Carinanebel, einem ausgedehnten Sternentstehungsgebiet. In den Wolken aus Gas und Staub befinden sich auch einige junge Sterne, die sehr viel heller leuchten als die Sonne.

Nullen) – für uns im Alltag bereits eine unfassbare, jedoch angesichts der kosmischen Dimensionen belanglose Größe. Unsere Galaxie mit ihren 100 Milliarden Sternen hat einen Durchmesser von 100 000 Lichtjahren. Andromeda, die von uns aus gesehen nächstgelegene große Spiralgalaxie, ist rund 2,5 Millionen Lichtjahre von der Erde entfernt. Das bedeutet, Licht von dort ist bis zu uns rund 2,5 Millionen Jahre unterwegs!

Da Lichtsignale uns erst mit gehöriger Verspätung erreichen, sehen wir mit zunehmend tieferem Blick in den Kosmos immer weiter in die Vergangenheit zurück. Dieser bemerkenswerte Umstand erlaubt es, mit Hilfe leistungsfähiger Teleskope Bereiche des Weltalls zu betrachten, wie sie sich vor geraumer Zeit präsentierten. Das Universum ist so gewaltig, dass das Licht der fernsten Galaxien Milliarden von Jahren zu uns unterwegs war. Wir sehen diese Galaxien so, wie sie vor Jahrmilliarden in ihrer Frühphase aussahen. Um zu verstehen, wie sie sich seitdem verändert und welche Entwicklung sie vollzogen haben, führen die Astronomen bei einer Reihe anderer Galaxien umfangreiche Beobachtungen über ein breites Entfernungs- und somit Altersspektrum durch. Mit der Erstellung eines detaillierten Bildes des kosmischen „Zoos" lassen sich die entferntesten Galaxien (die sich uns in ihrer Jugendphase zeigen) mit relativ nahen (die in Anmut gealtert sind) vergleichen. Die Astronomen können dann in Detektivmanier die wahrscheinliche Historie der Galaxien wie ein Puzzle rekonstruieren.

Seit über 300 Jahren, bis in die zweite Hälfte des 20. Jahrhunderts, wurden astronomische Beobachtungen mit optischen Teleskopen durchgeführt, die nur den sichtbaren Teil des Lichts einfangen. So haben wir schließlich unser Bild vom Kosmos entwickelt, das sich durch die Hauptbestandteile Gas, Sterne und Galaxien definiert. Allerdings gibt es noch andere Strahlungsarten wie Radiowellen, ultraviolettes Licht und Röntgenstrahlung. Auch diese unsichtbaren Bereiche des elektromagnetischen Spektrums sind überaus wertvolle Fenster ins All. Allerdings filtert die Erdatmosphäre den größten Teil der Strahlung, ausgenommen sichtbares Licht und Radiowellen, sehr effektiv aus. Um diesen atmosphärischen Schutzschild zu überlisten, hat man neuartige Teleskope entwickelt und in Satelliten eingebaut, die jenseits der Erdatmosphäre kreisen. Dabei handelt es sich um hochmoderne Geräte, die vom Infrarot- bis in den Röntgenbereich ganz neue Bilder des Weltalls zeichnen. Die energiereichsten Objekte und heißesten Gase, beispielsweise explodierende Sterne oder turbulente Regionen in der Nähe von massereichen Schwarzen Löchern, werden mittels Teleskopen aufgespürt, die Gamma- und Röntgenstrahlung registrieren. Beobachtungen im Infrarotbereich sollen das kalte Universum erforschen. In unserer Galaxie ist das kalte Bild von Molekülen und mikroskopischen Staubpartikeln geprägt, die sich zu riesigen Wolken ballen, so genannten „Nebeln", den Sternfabriken des Weltalls.

Unsere jüngsten Erkenntnisse sind das Ergebnis einer beispiellosen Verbindung aus Entdeckung, Erforschung und Innovation. Die Aufnahmen in den folgenden Kapiteln zeigen uns den Kosmos in einem buchstäblich neuen Licht. Wie kann man diese Bilder interpretieren, und welche Aussagen lassen sich aus ihnen über den Ursprung und die Schlüsselkomponenten des Universums ableiten?

Im Rahmen der *Mars-Express*-Mission der Europäischen Raumfahrtorganisation gelang im Januar 2004 aus 273 km Höhe diese detailreiche Aufnahme der Marsoberfläche. Der 100 km breite Ausschnitt zeigt einen Kanal, der vor Jahrmilliarden durch fließendes Wasser entstanden ist. Die Suche nach flüssigem Wasser und primitiven Lebensformen ist eine der Haupttriebkräfte bei der Erforschung unseres Sonnensystems.

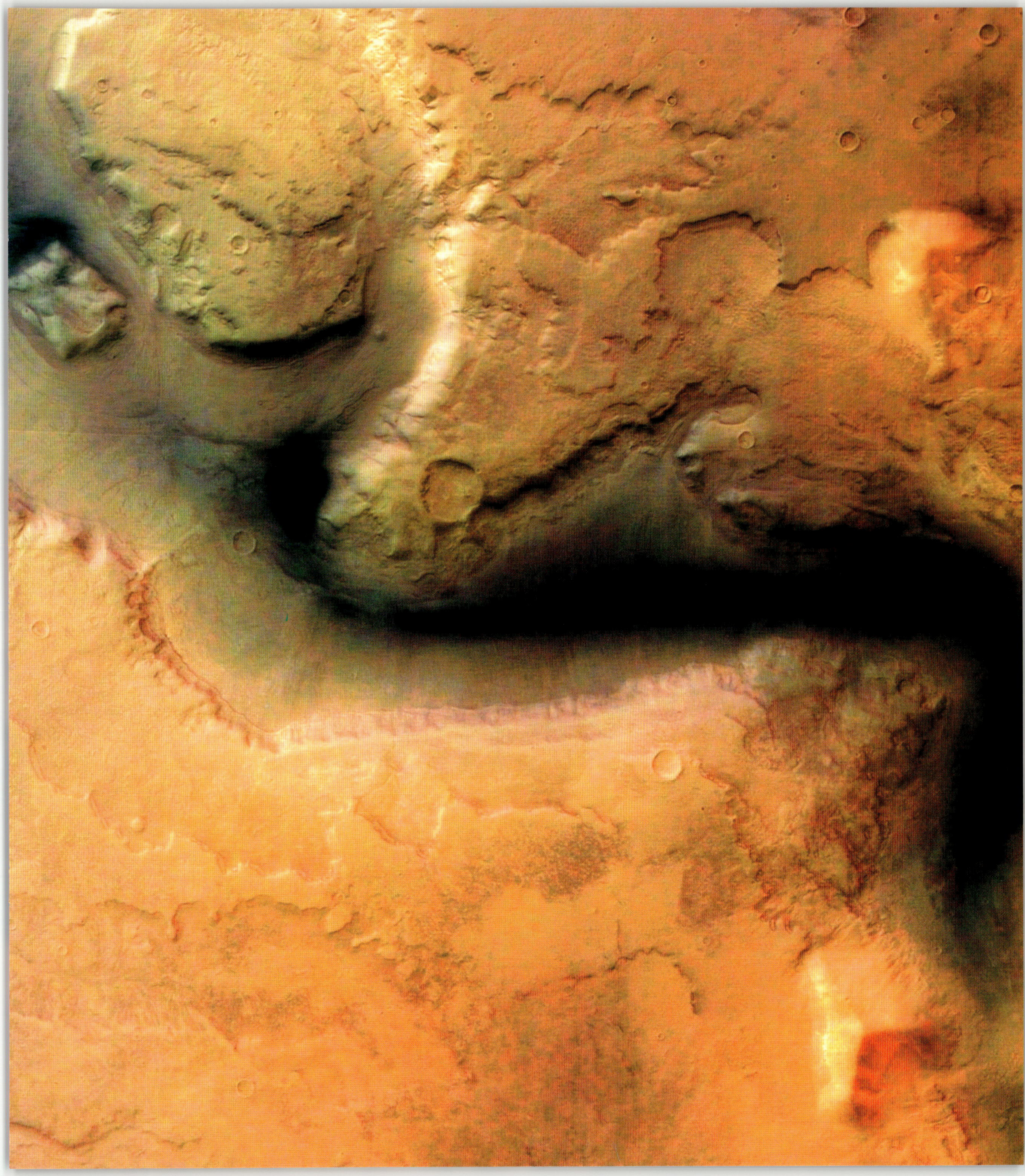

Auf der Suche nach der nassen Vergangenheit des Mars hat die Columbia Memorial Station der NASA am Grund des Kraters Gusev aufgesetzt. Im Januar 2004 hat sie den Marsroboter *Spirit* ausgesetzt, der Hinweise auf Urlandschaften sucht, die einst von Wasser bedeckt waren.

Die Suche nach Wasser

Wasser ist eine Grundvoraussetzung für nahezu jede irdische Lebensform. Deshalb suchen Forscher im Sonnensystem jenseits unseres Planeten mit Hochdruck nach Wasser in flüssigem Zustand. Etwaige Fundstellen wären überaus spannende Hinweise darauf, dass womöglich anderswo primitives Leben existiert. Kürzlich empfangene Daten deuten verheißungsvoll an, dass es unter der trockenen Marsoberfläche und den gefrorenen oberen Schichten von Europa, einem der größeren Monde des riesigen Gasplaneten Jupiter, flüssiges Wasser geben könnte. Zudem weisen jüngste Erkenntnisse auf gefrorenes Wasser in Kratern der Polregionen unseres Erdtrabanten, dem Mond, hin.

Astronomen, Planetargeologen und Astrobiologen jagen dem Wasser nach, weil es essenzieller Bestandteil des Lebens auf der Erde ist. Hier hat sich an nahezu jedem Ort mit flüssigem Wasser Leben entwickelt. Mehr als zwei Drittel der Erdoberfläche sind von Wasser bedeckt, davon entfallen 97 Prozent auf die Ozeane, allein der Pazifik bedeckt fast 170 Millionen km^2.

Generell benötigt das Leben flüssiges Wasser zu seiner Entstehung und Erhaltung. Es ist ein ausgezeichnetes Lösungsmittel für die Biochemie und ein Medium, in dem extensive chemische Reaktionen ablaufen können. Komplexe organische Moleküle können entstehen, darunter solche, wie sie in den Zellen lebender Organismen zu finden sind. Wasser behält über einen weiten Temperaturbereich seinen flüssigen Zustand, was segensreich sein kann, wenn das Leben rauen Witterungsbedingungen und starken Klimaschwankungen trotzen muss.

Dieses besonders detailreiche und farbgetreue Bild der Erde beruht auf einer Vielzahl Satellitenaufnahmen und ist im Wesentlichen ein Mosaik aus jedem Quadratkilometer unseres Planeten. Als einziger Planet im Sonnensystem weist die Erde vielfältigste Lebensformen auf und ist an der Oberfläche von riesigen Meeren bedeckt. Auch ist mehr als die Hälfte unseres Planeten ständig von Wolken aus Wasserdampf überzogen.

Ein nasser Mars

Seit 200 Jahren fasziniert der Mars die Menschheit mit der Aussicht, dass es dort womöglich Leben gibt. Unser Wissen über den Roten Planeten hat sich in den letzten 30 Jahren nachhaltig gewandelt. In den 1970er-Jahren umkreisten ihn die NASA-Raumsonden *Mariner 9*, *Viking 1* und *Viking 2* und funkten Bilder mit Details von Tälern, Kanälen und Schluchten zur Erde, die vor Jahrmilliarden von fließendem Wasser geformt worden sind. Unvorstellbare Wassermengen, vieltausendfach die Fluten des Mississippi, dürften nötig gewesen sein, um solche Strukturen zu formen. Das mächtige Grabensystem Valles Marineris erstreckt sich zum Beispiel über 4000 km, einige Abschnitte sind mehr als 7 km tief und 600 km breit. Damit ist es viermal länger und fünfmal tiefer als der Grand Canyon in den Vereinigten Staaten.

Urzeitliches Wasser

Seit 1999 hat die NASA-Raumsonde *Mars Global Surveyor* beachtlich präzise Bilder von Sedimentablagerungen auf dem Mars gesendet. Sedimente sind Schichten aus Gesteinsmaterial, die durch die Bewegung großer Wassermengen abgelagert wurden. Die Formationen auf dem Mars stützen die Theorie von Fließgewässern in der Frühgeschichte des Planeten. Schichtstrukturen weisen darauf hin, dass in einem See oder einer flachen Lagune wiederholt Material abgelagert wurde. Ein Beispiel ist der geschichtete Felsaufbau in einer Region namens Candor Chasma, die zum Schluchtensystem Valles Marineris gehört. Mehr als hundert Gesteinsschichten türmen sich dort übereinander, jede ungefähr 10 m mächtig, mit glatter Oberfläche und steil abfallenden Flanken. Eine Erklärung könnte sein, dass die Schichten durch eine dynamische Unterwasserumgebung geschaffen wurden. Vergleichbares finden wir beim Colorado River, dessen Erosionswirkung die Sedimentlagen freigelegt hat, die heute in den Wänden des Grand Canyon zutage treten. Diese Interpretation der Sedimentablagerungen auf dem Mars lässt vermuten, dass ausgedehnte Regionen, vormals dynamische Unterwasserwelten, möglicherweise belebt waren.

Sedimente bildeten sich auch aus Material, das sich am Grund von Kratern abgelagert hat, die vermutlich mit Wasser gefüllt waren. Vor Jahrmilliarden wurden die Böden dieser „Tümpel“ durch Erosion abgetragen, sodass übereinander geschichtete Lagen aus Sedimentgestein sichtbar wurden. Ein solcher Ort ist

Dieses Panorama der Marsoberfläche verdanken wir den Kameras des NASA-Marsmobils *Spirit*, das am 3. Januar 2004 auf dem Roten Planeten landete. Die Hügelkuppen am Horizont sind rund 3 km entfernt.

der Krater Gusev mit 179 km Durchmesser, der durch den Einschlag eines Asteroiden entstand. Anschließend dürfte er von Wasser geflutet worden sein, das durch ein weites Tal namens Ma'adim Vallis brauste. Weil der Krater lange Zeit nass blieb, ist er ein idealer Ort für die Suche nach fossilen Spuren primitiver Lebensformen. Tatsächlich war er das Zielgebiet eines der beiden NASA-Marsroboter, die im Januar 2004 erfolgreich gelandet wurden. Das Fahrzeug namens *Spirit* hat inzwischen seine Mission zur Bestimmung der Geschichte von Klima und Wasser im Krater Gusev aufgenommen. *Spirit* verfügt über ein Arsenal modernster Instrumente und wird von der Erde aus ferngelenkt, um zu ermitteln, ob ausgewählte Zonen einst feucht genug waren, damit Leben entstehen konnte. Das zweite Marsmobil, *Opportunity*, landete in einem Gebiet namens Meridiani Planum, ungefähr auf der Gusev gegenüberliegenden Seite des Planeten. Beide Roboter werden systematisch ihre Landegebiete abfahren, um mit fünf geologischen Instrumenten Steine und Boden zu untersuchen. Daneben kommt ein spezielles Raspelwerkzeug zum Einsatz, mit dem man unverwitterte Oberflächen der Gesteine freilegen will. Vorrangiges Ziel der beiden Roboter ist die Beurteilung der Frage, ob auf dem Mars einst lebenstaugliche Bedingungen geherrscht haben könnten.

Auch Kanäle, die vor Milliarden Jahren durch strömendes Wasser ausgewaschen wurden, kommen auf dem Mars häufig vor und erinnern an ausgetrocknete Flussbette. Ihre Entstehung beruht vermutlich auf zwei grundlegenden Mechanismen: Abfließendes Wasser schnitt sich nach Regenfällen in das umgebende Gesteinsmaterial ein, Grundwasser trat nach dem Einsturz von Oberflächenschichten aus. Viele dieser Kanäle sind über drei Milliarden Jahre alt. Auch die Hänge längst erloschener Vulkane auf dem Mars zeigen von Wasser erodierte Kanäle, was auf einen Zusammenhang zwischen vulkanischer Erwärmung und mächtigen Fluten hindeutet. Infolge vulkanischer Aktivität könnten große Mengen Wassereis unter der Oberfläche geschmolzen sein und gewaltige Überschwemmungen ausgelöst haben, die mit der Zeit tiefe Kanäle und Grabensysteme schufen. Durch nahe Vulkane erwärmte Reservoirs an flüssigem Tiefenwasser besäßen außerdem ein hohes Potenzial als Habitat für primitive Lebensformen.

Wasser hat ohne Zweifel die geologische Geschichte des Mars mitgeprägt, doch längst präsentiert sich der Planet als vorwiegend trockene, staubige Wüste. Die Flüsse, ja vielleicht sogar Meere sind schon vor Jahrmilliarden durch intensive Sonneneinstrahlung verdunstet. Mars, der die Sonne in 1,5-fachem Erdabstand umkreist, empfängt weniger als 50 Prozent der von unserem Planeten aufgenommenen Sonnenenergie, und seine Schwerkraft beträgt nur rund ein Drittel der irdischen. Folglich nimmt seine Kohlendioxidatmosphäre nur wenig Wärme auf und ist zu dünn und zu kalt, als dass Wasser an der Oberfläche flüssig bliebe. Trotzdem sagen Wissenschaftler voraus, dass es darunter immer noch etwas Wasser in flüssiger Form gibt. Fotos von den jüngsten Erkundungsmissionen haben Hinweise darauf geliefert.

Und neues Wasser

Die neuesten auf dem Mars gemachten Entdeckungen sind besonders spannend. In den Jahren 2000 und 2001 fand die NASA-Raumsonde *Mars Global Surveyor* bemerkenswerte Abflussrinnen auf dem Planeten, die erst vor relativ kurzer Zeit durch von der Oberfläche ablaufendes Wasser entstanden sein dürften. Sie sind auf Bildern mehrerer Krater, Talsohlen und Schluchten erkennbar. Im Vergleich zu dem 4,5 Milliarden Jahre alten Planeten sind sie geologisch jung, vielleicht nicht mal einige Millionen Jahre alt. Zudem könnte aus einigen Rinnen heute noch Wasser sickern. Indizien für ihr geringes Alter sind scharfkantige Ränder sowie der Umstand, dass sie teilweise auf windgepeitschten Plateaus liegen, die selbst noch jung sind. Die Rinnen sind sogar vergleichsweise so frisch, dass sie erneut die Diskussion über gegenwärtig vorkommendes Wasser auf dem Mars angeregt haben. Sollte sich dort nämlich bakterielles Leben entwickelt haben, dann höchstwahrscheinlich an diesen Orten.

Die Rinnen an der Oberfläche sind durchschnittlich 1 km lang und 0,5 km breit. Sie sehen aus wie von Fließwasser ausgewaschene Gräben und zeigen häufig Ablagerungen aus angeschwemmten Steinen und Lockerstoffen. Beispiele für solche Formationen auf der Erde finden sich in den Schuttströmen Grönlands

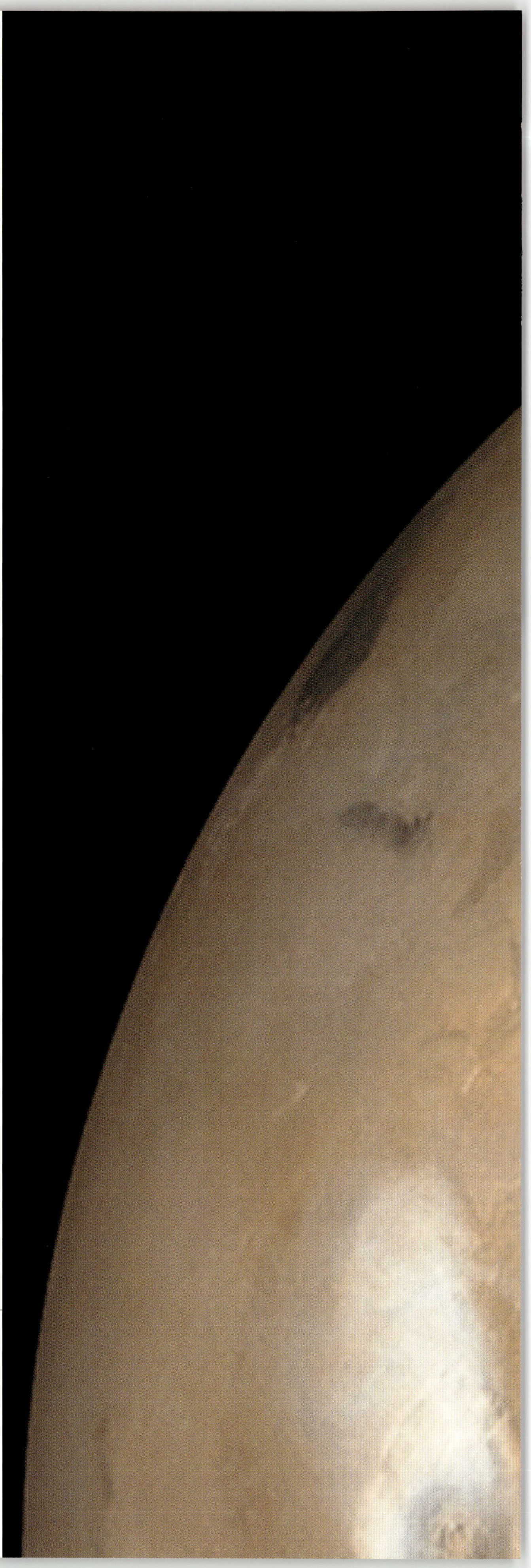

Winter auf der Südhalbkugel des Mars, aufgenommen Ende 2001 von der Raumsonde *Mars Global Surveyor.* Die weißen Flecken links unten sind Wolken aus Wassereis über längst erloschenen Vulkanen. Wassereis sieht man auch an der sommerlich geschrumpften nördlichen Polkappe am oberen Bildrand.

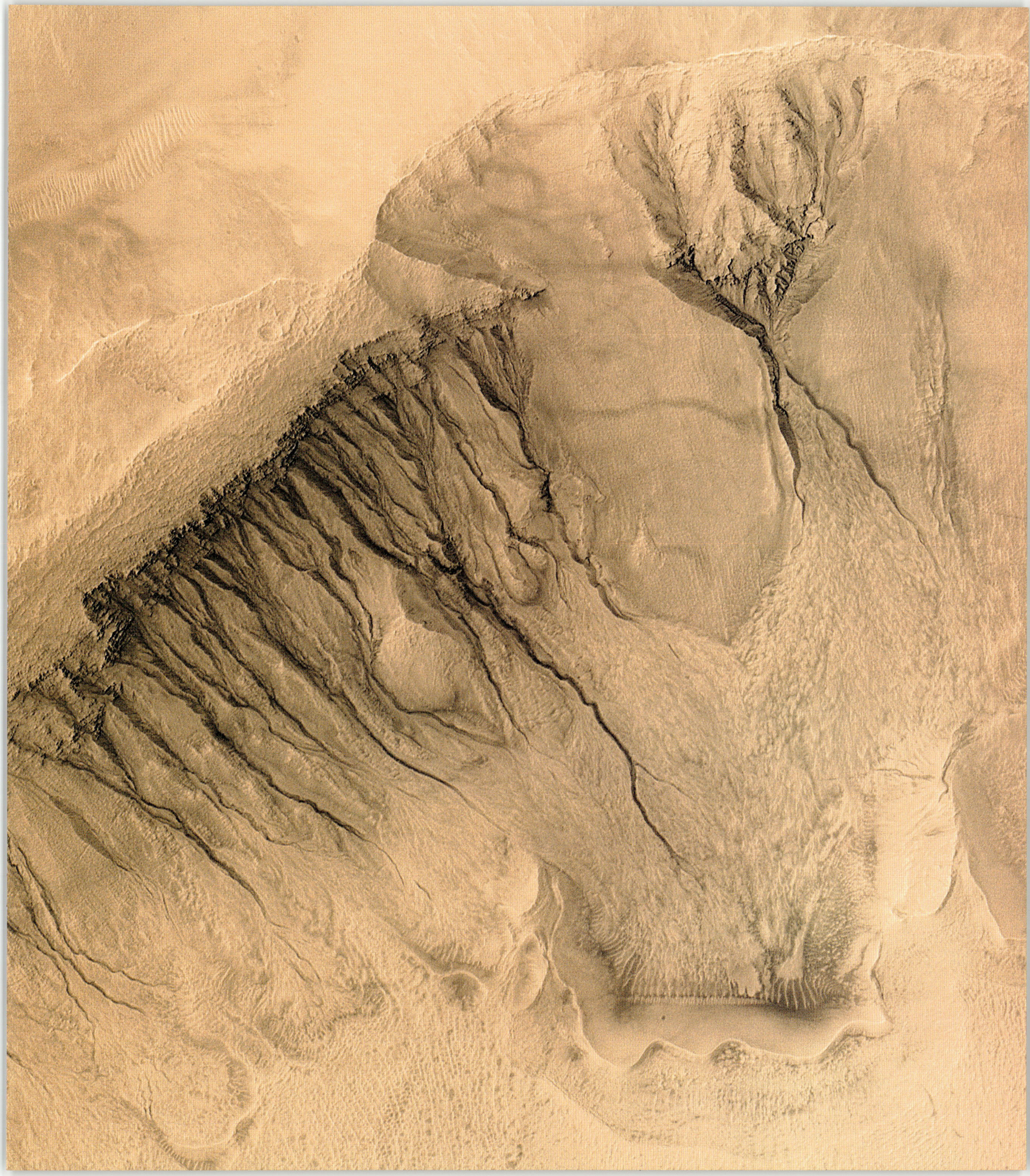

Vorherige Doppelseite: Vom *Mars Global Surveyor* der NASA aufgenommen, geben diese beiden Bilder Hinweise auf Abflussrinnen an den Hängen zweier Krater. Die Kanäle dürften entstanden sein, als Grundwasser auf die Marsoberfläche austrat.

und Kanadas, die meist über dem Permafrost auftreten. Nach wissenschaftlichen Berechnungen müsste zur Bildung der auf dem Mars fotografierten Rinnen ein Volumen von mehreren großen Schwimmbecken geflossen sein.

Wie sie allerdings genau entstanden sind, ist noch unklar. Aufgrund seiner dünnen Atmosphäre ist der Oberflächendruck des Planeten fast hundertmal kleiner als auf der Erde auf Meereshöhe, und flüssiges Wasser würde beim Austreten sofort kochen. Man nimmt daher an, dass die Wasservorkommen – vermutlich auf kleine Zonen des Planeten beschränkt – 100 bis 300 m tief in Form von Eis unter dem Marsboden liegen. Vulkanische Erwärmung und geothermale Aktivität bewirken Ausbrüche des Wassers ähnlich den Springfluten auf der Erde. Gefrorenes Wasser hinter einer ursprünglichen Leckstelle bildet allmählich einen Eisdamm, und der Druck steigt so lange, bis der Damm schließlich bricht und sich eine Flutwelle in die Rinne ergießt.

Mit diesen Rinnen tut sich die erregende Perspektive auf, dass an bestimmten Stellen unter dem Marsboden womöglich immer noch flüssiges Wasser vorhanden ist. Wenn aber Wasser und Energie auf der Erde Leben fördern, steht zu vermuten, dass dies auf dem Mars genauso gilt. Diese Möglichkeit hat maßgeblichen Einfluss auf die Erforschung des Planeten durch den Menschen. Sollte es nämlich auf dem Mars auch in anderen Regionen als dem Nord- und Südpol beträchtliche Wassermengen geben, wäre seine Erschließung und Nutzung leichter. Wasser würde eine Schlüsselrolle bei seiner Besiedlung spielen. Neben der Nutzung als Trinkwasser könnte man ihm für die Erzeugung atemfähiger Luft Sauerstoff entziehen, und in Verbindung mit Wasserstoff ließen sich Brennstoffzellen zur Gewinnung von elektrischer Energie herstellen. Zweifellos wird die Eroberung des Mars durch den Menschen bald in eine spannende neue Phase eintreten.

Impulse erhielt die Suche nach Wasser (und möglicherweise primitivem Leben) im Sonnensystem durch die jüngst gemachte Entdeckung, dass auf der Erde selbst unter extremen Umweltbedingungen wie Hitze, Kälte, Azidität und Strahlung Leben existiert. So gedeihen Bakterien in den sprudelnden Quellen des Yellowstone-Nationalparks, deren hochgradig saures Wasser fast 90 °C heiß ist. Andererseits gibt es Bakterienkolonien noch bei Temperaturen von -18 °C. Selbst in den trockensten und heißesten Wüsten wie der Atacama in den chilenischen Anden leben Flechten und Pilze, die mit einem Minimum an Feuchtigkeit auskommen. Vergleichbar raue und extreme Umgebungen könnte es durchaus auch auf anderen Planeten und Monden im Sonnensystem geben.

Auf der Erde sind die Vorzüge von Wasser als lebenserhaltendem Medium unbestritten. Unbekannt ist, ob auch Flüssigkeiten wie Ammoniak oder Methan das Leben fördern und unterstützen könnten. Dieses Szenario hat zahlreiche Sciencefiction-Geschichten von exotischen Lebensformen in den unwirtlichsten Gegenden des Weltalls beflügelt. Wahr ist, dass die Suche nach Beweisen für außerirdisches Leben auf unserem Verständnis von der Funktion des flüssigen Wassers basiert; es bleibt ein unverzichtbares Medium für eine bewohnbare Welt und eines, das in unserem Sonnensystem reichlich vorhanden ist. Dies ist die Grundlage für einige der spannendsten Forschungs- und Erkundungsmissionen des Sonnensystems.

Die Aufnahme zeigt sehr genau Schichten aus Sedimentgestein an der Marsoberfläche. Der 1,5 x 3 km große Ausschnitt zeigt über hundert Rinnen mit glattem Boden und zum Rand hin steil aufragenden Klippen. Die Muster rühren vielleicht von Material her, das vor Milliarden Jahren in einem See oder einer flachen Lagune abgelagert wurde.

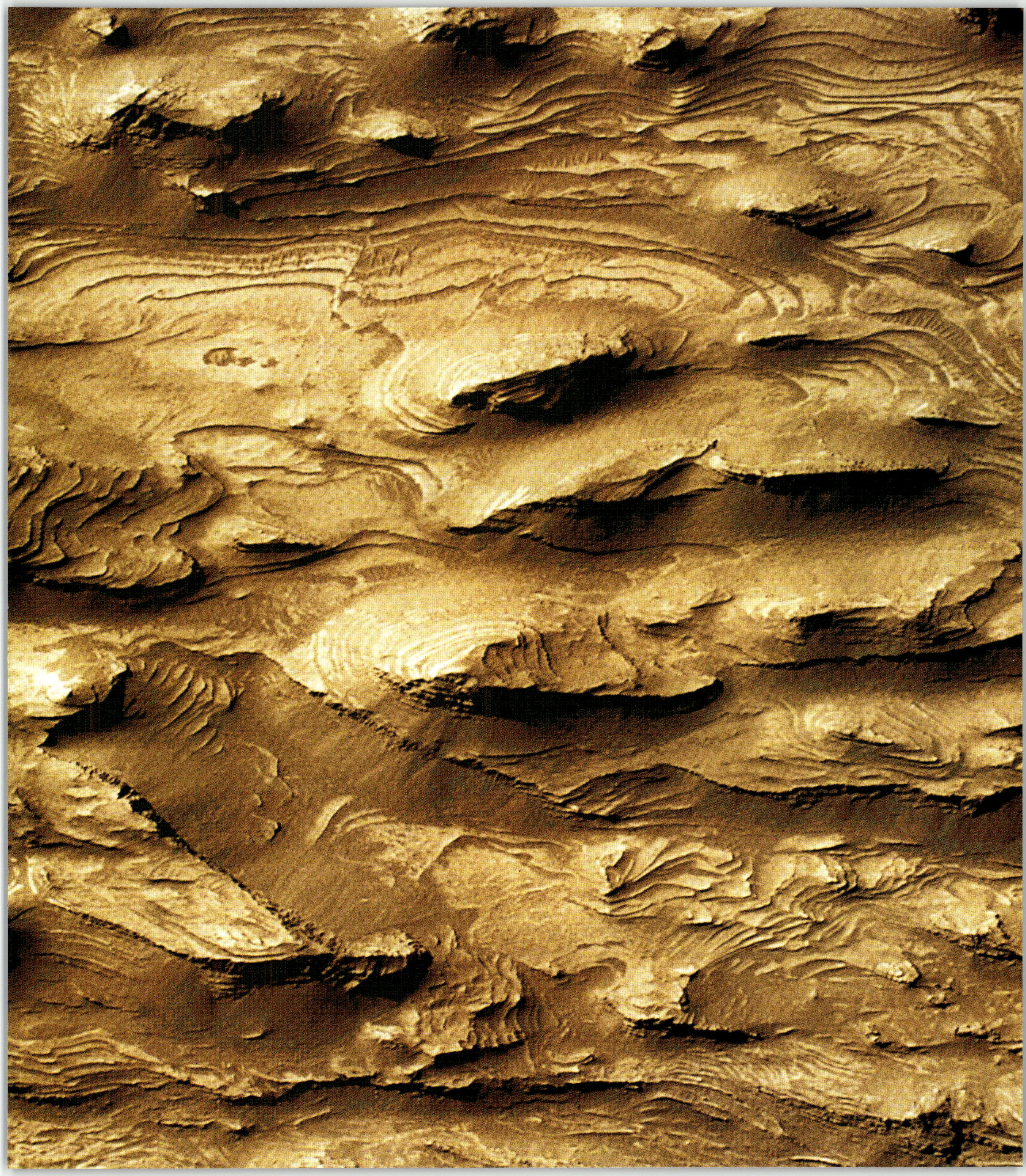

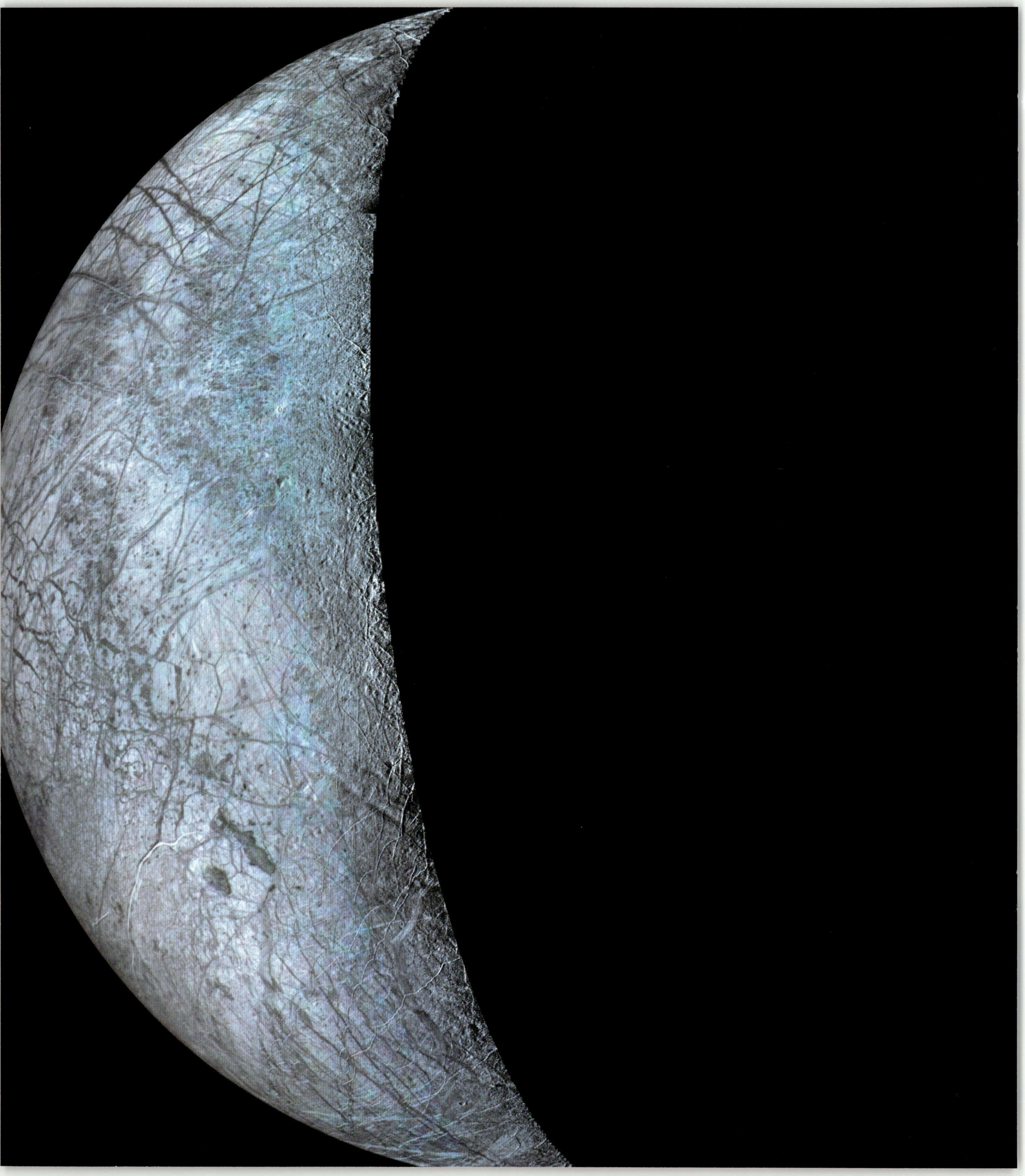

Ozeane auf Europa

Ein ferner Mond in den äußeren Gefilden des Sonnensystems, fast 800 Millionen km von der Sonne entfernt – kaum wahrscheinlich, dass dort flüssiges Wasser vorkommt. Dennoch lieferte die NASA-Raumsonde *Galileo Orbiter* zwischen 1997 und 2002 Hinweise auf einen brodelnden Ozean aus Wasser unter der eisbedeckten Oberfläche des viertgrößten Jupitermonds Europa.

Etwas kleiner als unser Erdtrabant ist Europa einer der vier von Galilei 1610 entdeckten großen Monde des Jupiter. Als hellster aller Jupitermonde unterscheidet er sich im Aussehen deutlich von nahezu jedem anderen Planeten oder Mond im Sonnensystem. Seine eisbedeckte Oberfläche hat ein Reflexionsvermögen von 70 Prozent, und dieser Eismantel ist sehr rein, was vermuten lässt, dass er durch frisches Material unter der Oberfläche gespeist wird. Mit nur ganz wenigen Einschlagskratern und ohne jeden Berg ist Europa auch der glatteste Himmelskörper dieser Klasse im Sonnensystem. Jedoch besteht kein Zweifel, dass er vor Milliarden Jahren, in der Anfangsphase des Sonnensystems, einem intensiven Bombardement durch Kometen und Asteroiden ausgesetzt war. Dass die Spuren jener Einschläge heute größtenteils ausgelöscht sind, deutet darauf hin, dass Europas Oberfläche sowohl elastisch ist – sie kann den Aufprall eines Asteroiden absorbieren, ohne dass ein riesiger Krater entsteht – als auch sehr jung, weil die Einschläge durch frische Eisschichten unter der Oberfläche repariert werden. Im Vergleich dazu besitzt der Mars heute mehrere hundert Krater von über 100 km Durchmesser und zahlreiche kleinere.

Die *Galileo*-Mission hat uns die bislang besten Nahaufnahmen von Europa beschert, einige davon aus weniger als 600 km Höhe. Sie zeigen eine erstaunliche Fülle an Formationen, die zusammen mit Messergebnissen faszinierende Einzelheiten über beträchtliche Salzwasserozeane unter der Oberfläche offenbarten. Um die Existenz dieser Meere und daraus resultierende Konsequenzen geht es im Folgenden.

Ironischerweise entschieden die neuen Erkenntnisse über Europa das endgültige Schicksal der Raumsonde. Um jede Gefahr einer Verunreinigung des makellos reinen Mondes auszuschließen, ließ man, als *Galileo* im September 2003 das Ende seiner überaus erfolgreichen Mission erreichte, die Sonde gezielt in Jupiters dichter Atmosphäre verglühen.

Der Jupitermond Europa als schöne Sichel. Deutlich hebt sich die zerklüftete Struktur der Eisdecke gegen lange, gerade Risse in der Oberfläche des Mondes ab.

Treibende Flöße aus Eis

Einmalig an Europa sind Eisblöcke, die offenbar auseinander gebrochen sind und sich neu zusammengefügt haben, als ob sie treiben würden. Das gleiche chaotische Muster aus geborstenen und gedrehten Blöcken zeigen Eisschollen in den arktischen Breiten der Erde. Einzelne Eisblöcke auf Europa sind mehrere Kilometer lang und mindestens einige 100 m dick, manche sind umgekippt oder teilweise untergetaucht, wie man es von Eisbergen erwarten kann, die in einem Meer aus flüssigem Wasser treiben.

Strukturierte Ebenen

Die häufigsten Geländeformen auf Europa sind flache und von Graten durchzogene Ebenen. Erstere könnten das Resultat einer

Art von Wassereis-Vulkanismus sein: Flüssigkeit bricht aus dem Boden hervor, überflutet ein weites Gebiet und gefriert. Die Grate könnten entstanden sein, als ein Teil des Eruptionsmaterials in flüssiger Form ausgeworfen wurde und sich als Schuttberge ablagerte. Ein typischer Grat ist mehrere 100 m hoch, oft verläuft eine Rille oder ein Graben entlang der Mittellinie. Ihr Erscheinungsbild deckt sich mit der Beobachtung von Brüchen an der Oberfläche, die in der Folge durch Wassereruptionen aus der Tiefe gefüllt wurden. Ähnliche Grate hat man auf der Erde im arktischen Packeis untersucht. Die Ebenen von Europa sind an der Oberfläche auch von zahlreichen langen, dunklen Linien durchzogen, die sich über tausende Kilometer erstrecken. Einige der auffälligsten Markierungen säumen gekrümmte oder muschelförmige Muster, die wahrscheinlich – geologisch gesehen – in sehr kurzer Zeit entstanden sind. Die gekrümmten und gezackten Bänder weisen auf Sprünge hin, die Europas Eispanzer in Platten aufgebrochen haben, die durch weiches Eis oder flüssiges Wasser darunter geschmiert werden. Wasser unter der Oberfläche steigt auch nach oben und füllt so die Spalten in der Eiskruste wieder auf.

Spuren von Magnetismus

Viel versprechende Hinweise auf einen Ozean unter Europas Oberfläche lieferte die magnetische Abtastung des Mondes durch die Raumsonde *Galileo*. Der riesige Gasplanet Jupiter besitzt ein sehr starkes Magnetfeld, das weit über die Umlaufbahnen seiner zahlreichen Monde hinausreicht und eine so genannte „Magnetosphäre" bildet. Im Verlauf der *Galileo*-Mission wurden auf Europas Reise durch diese Magnetosphäre Messungen vorgenommen, mit dem Ergebnis, dass Jupiters Magnetfeld elektrische Ströme in den äußeren 100 km von Europas Oberfläche induziert. Dieses Experiment bewies eine leitfähige Schicht. Außerdem deckten sich periodische Feldstärkeänderungen mit der Existenz von Wasser unter der Oberfläche.

All diese Fakten lassen einen ausgedehnten Salzwasserozean unter Europas eisiger Kruste vermuten. Eine wichtige Frage ist, wie tief man in das Eis bohren müsste, um dorthin vorzudringen. Die Stärke des Eises ist nicht nur für Geologen entscheidend, sondern auch für die künftige Erforschung des Mondes, vielleicht mit Landern, die ins Eis bohren können. Die Beschaffenheit der Eiskruste lässt sich durch die Untersuchung früherer Asteroideneinschläge auf Europa erkunden. Bei der Kraterbildung etwa auf unserem Mond oder dem Mars entsteht im entleerten Zentrum meist ein Kegel, weil nach dem Aufprall des Objekts auf der Oberfläche, gewissermaßen als Reboundeffekt, Materie emporgeschleudert wird. Wissenschaftler haben die wenigen Krater auf Europa, deren Größe für einen Zentralkegel ausreicht, untersucht. Einer davon, Pwyll, misst 26 km im Durchmesser und hat einen rund 500 m hohen Zentralkegel. Die Wucht des Asteroiden, durch den Pwyll entstand, reichte nicht aus, um die oberen Eisschichten vollständig zu durchschmelzen. Durch Computersimulationen der bei solchen Einschlägen freigesetzten Energie haben Geologen berechnet, dass Europas Eismantel mindestens 3 bis 4 km dick sein muss.

Niemand weiß, wie tief genau der unter diesem Eis gelegene Ozean ist – möglicherweise bis zu 100 km mit einer sulzigen obe-

Europa, aufgenommen von der Raumsonde *Galileo* aus 677 000 km Entfernung. Mit rund 3160 km Durchmesser ist diese eisbedeckte Welt fast so groß wie unser Mond. Die langen, dunklen Streifen sind Bruchlinien in der Eiskruste, die tausende Kilometer lang und bis zu 40 km breit sind.

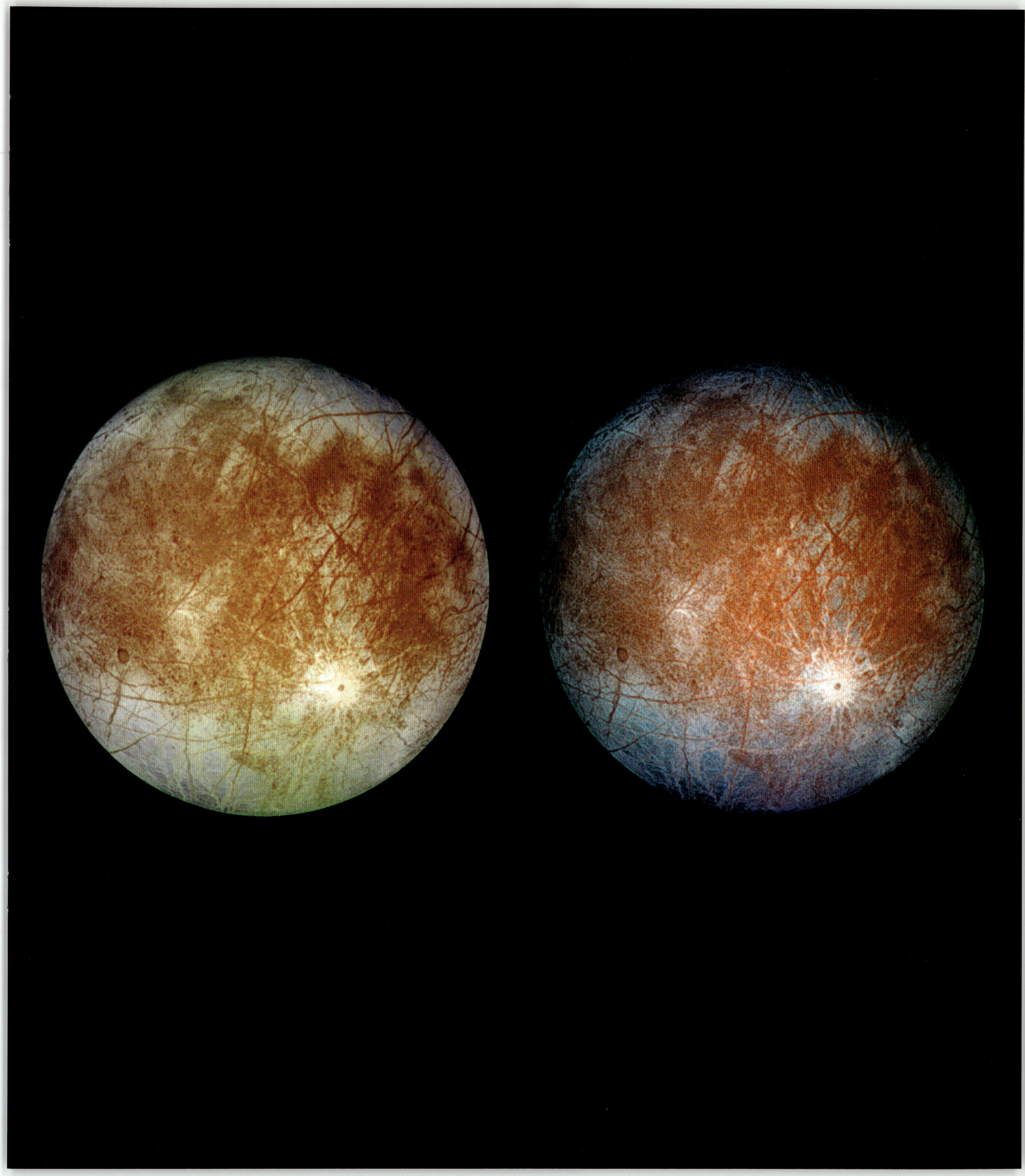

ren Schicht und stark salzhaltigem Wasser darunter. Am Meeresgrund beginnt das felsige Innere, in dessen Zentrum sich höchstwahrscheinlich ein relativ kleiner metallischer Kern befindet. Somit wäre Europas Ozean weitaus tiefer als jedes irdische Meer; womöglich handelt es sich um das größte Vorkommen an flüssigem Wasser im gesamten Sonnensystem.

Erwärmung durch Schwerkraft

Europa ist viermal weiter von der wärmenden Sonne entfernt als die Erde, sodass dort unvorstellbare Kälte herrscht. Die Temperatur an der Oberfläche beträgt -160 °C, weshalb die gesamte Masse dieses Mondes unter einem dicken Eispanzer liegt. Wie kann es unter solchen Bedingungen flüssiges Wasser geben? Die Erklärung ist, dass Europas Inneres durch Gravitationseffekte erwärmt wird. Die Kräfte, die solche Tiefenwärme produzieren, ähneln jenen, welche die Ozeane auf der Erde bewegen und so die Gezeiten auslösen. Jupiters enorme Schwerkraft erzeugt im Verbund mit der von Europa und den anderen Jupitermonden Anziehungskräfte, die über die so induzierte Gezeitenmechanik eine Deformierung Europas bewirken. In dem ganzen Gravitationsgezerre wird dieser Mond abwechselnd gestreckt und gestaucht, und die daraus resultierende Reibungswärme im Inneren bewirkt, dass unter dem Oberflächeneis Wasser in flüssiger Form erhalten bleibt.

Dies ist im Prinzip der gleiche Vorgang, der auch auf Jupiters innersten Mond Io einwirkt, aber dort entlädt sich die durch die schwerkraftbedingten Gezeitenkräfte erzeugte Wärme in dutzenden tätiger Vulkane mit ausgedehnten Lavaströmen. Tatsächlich ist Io der vulkanisch aktivste derzeit bekannte Himmelskörper im Sonnensystem, dessen Rauchpilze bis zu 300 km hoch emporsteigen.

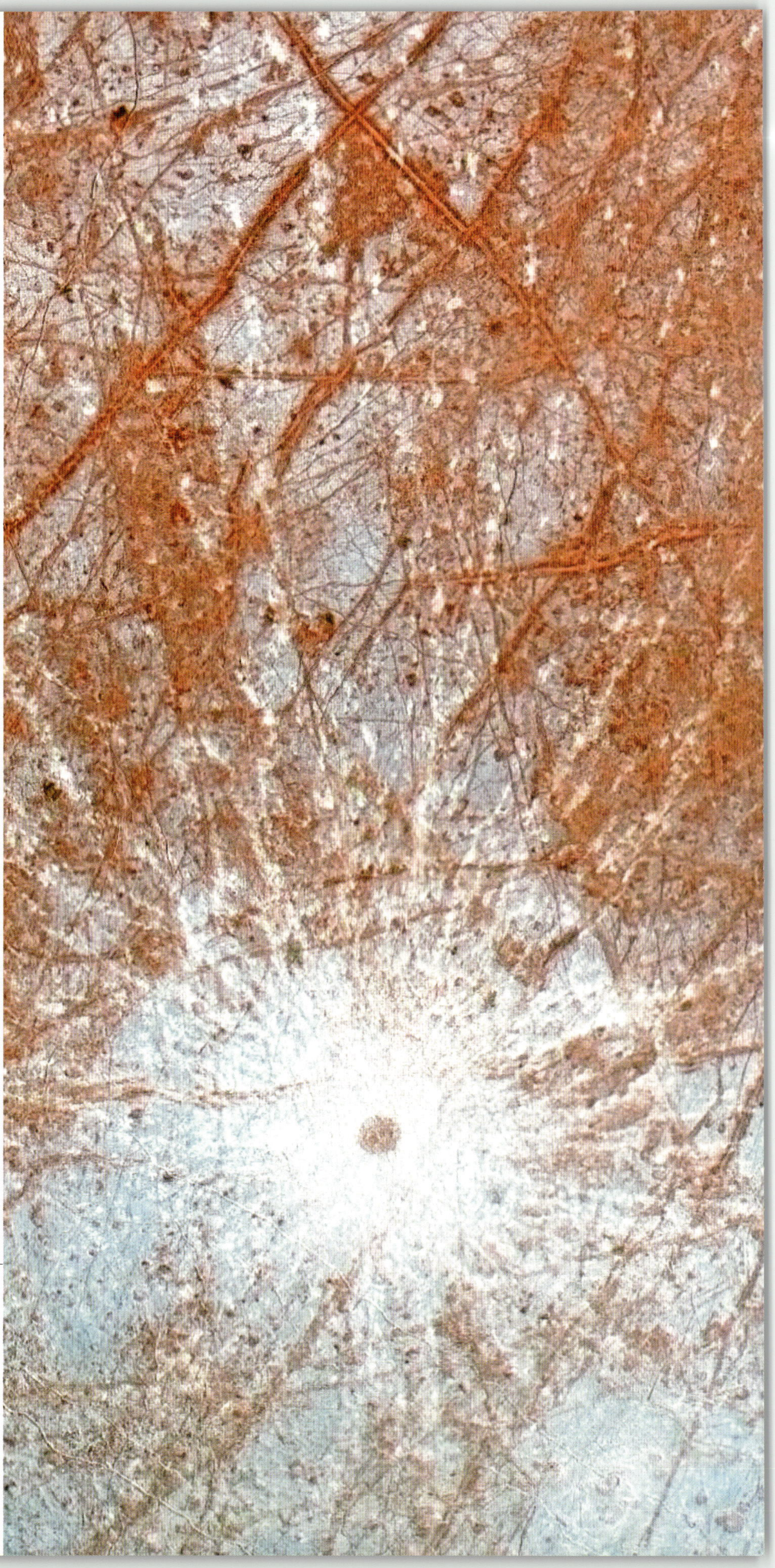

Diese Bilder von Europa geben Aufschluss über seinen verborgenen Ozean. Den 26 km großen Krater Pwyll (links) umgibt Auswurf, der frische Wassereispartikel enthält. Die dunkel-rötlichen Bereiche (oben rechts) dürften das Resultat einer vollständigen Durchschmelzung von Europas Eisschichten sein. Die blauen Regionen in der farbverstärkten Aufnahme (rechts unten) bestehen aus nahezu reinem Wassereis.

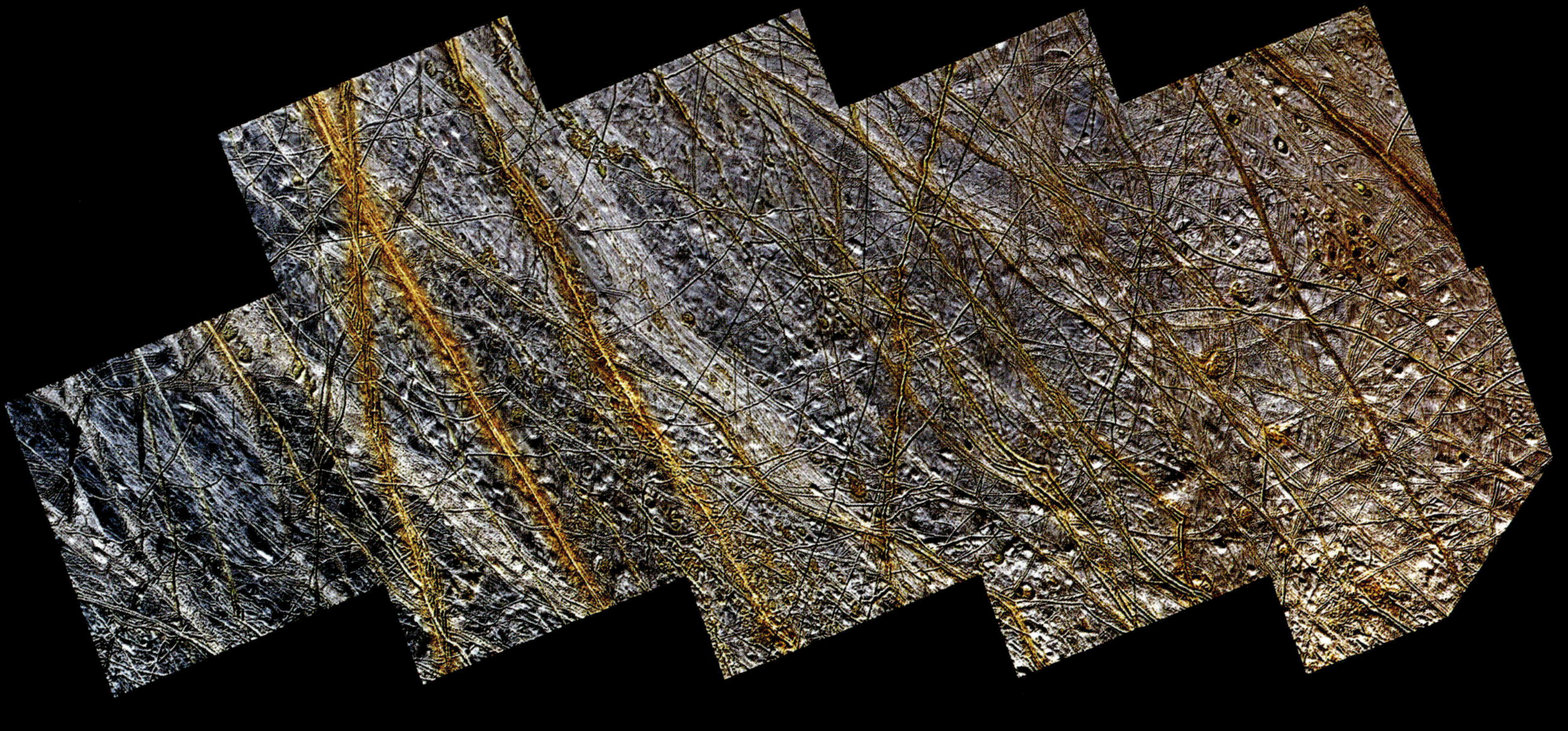

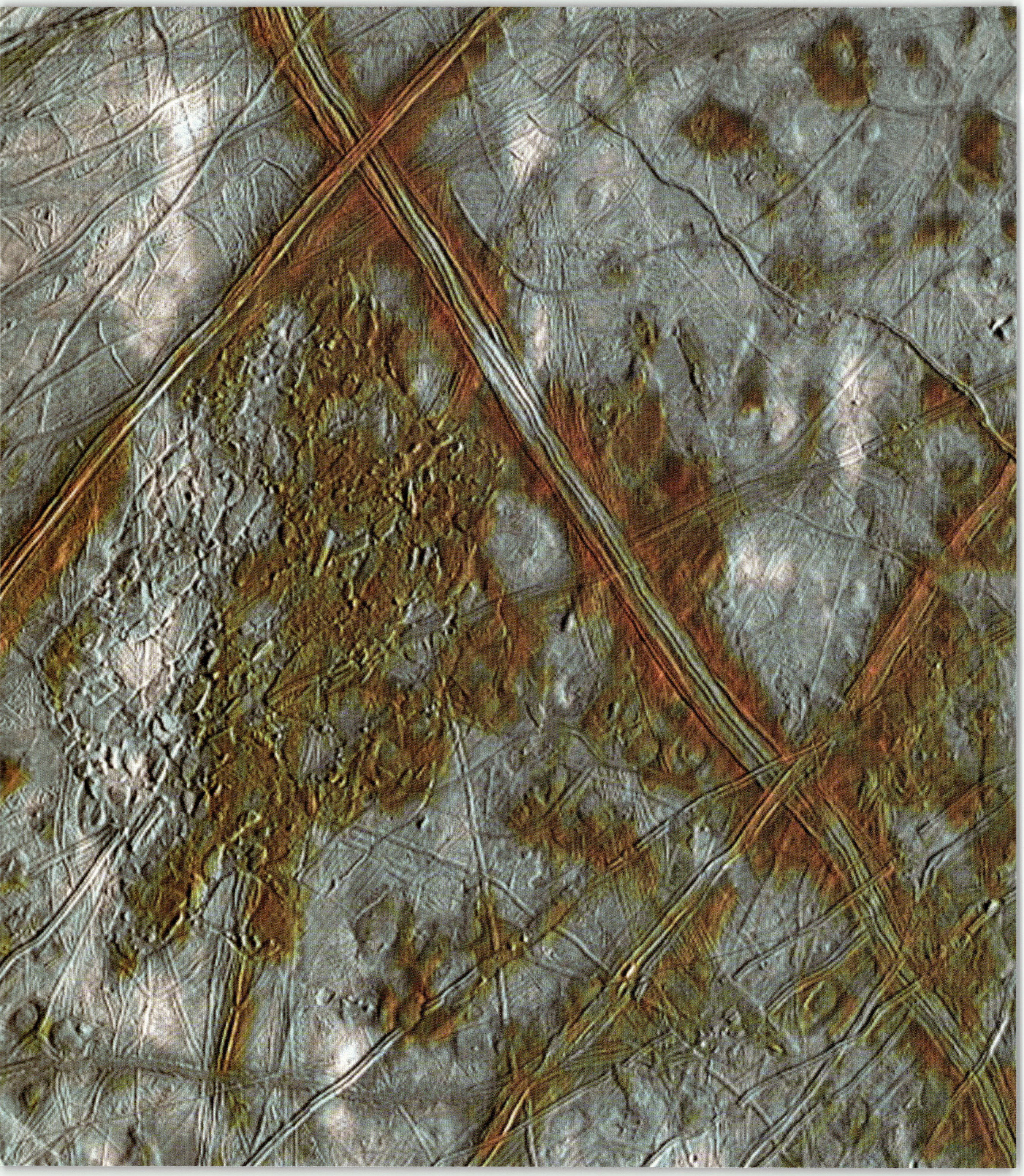

Ein Ort zum Leben?

Die Aussicht, dass Europa gigantische Wassermengen birgt, macht diesen Mond zum bevorzugten Forschungsobjekt der Exobiologie, also der Suche nach außerirdischem Leben. Wie wir wissen, gehört Wasser zu den ökologischen Grundvoraussetzungen des Lebens. Eine weitere Voraussetzung ist jedoch genügend Energie, um den Ursprung des Lebens zu fördern. Da in so einen verborgenen Ozean kein Sonnenlicht hinabdringen würde, müsste das Leben dort Energie aus chemischen Reaktionen und zusätzlicher Wärme aus dem Inneren gewinnen. Lieferant für solche Wärme könnten heiße Quellen am Meeresgrund sein. Auf der Erde gibt es Beweise, dass sich in der Nähe vulkanisch gespeister Tiefseeschlote primitive Lebensformen entwickelt haben. Die durch die Schwerkraft des Jupiter verursachte Gezeitenerwärmung Europas könnte ähnliche Sprudler am Meeresboden hervorbringen, deren heißes Wasser lebenswichtige chemische Elemente enthielte. Mikroorganismen könnten diesem Wasser Energie entziehen und so den Weg zu komplexen organischen Molekülen und möglicherweise Leben bereiten. Da es sich bei den Schloten um lokal begrenzte Energiequellen handelt, dürfte alles einstige oder jetzige Leben im Ozean die Gestalt primitiver Einzeller angenommen haben, wie sie nur in unmittelbarer Nähe dieser eminent wichtigen Plätze vorkommen.

Der Raumsonde *Galileo* gelang diese Nahaufnahme des Jupitermondes Europa. Zu den verblüffenden Strukturen zählen Eisschollen, ähnlich denen in den Polarmeeren der Erde. Die Eiskruste von Europa ist in etwa 30 km große Platten zersprungen. Einige davon haben sich in neue Positionen gedreht, ein Hinweis darauf, dass sie auf sulzigem Eis und flüssigem Wasser treiben.

Interessante Vergleiche lassen sich zu unterirdischen Orten mit marinen Bedingungen auf der Erde ziehen. So gibt es unter dem Eis der Antarktis eine Wasserfläche von 10 000 km^2, was ungefähr der Fläche des Ontariosees entspricht. Dieser Wostok-See liegt unter einer 4 km mächtigen Eisschicht, die ihn gegen die extremen Minusgrade an der Oberfläche abschirmt. Erstaunlicherweise können Bakterien offenbar in seinen dunklen und nährstofflosen Tiefen überleben. Dem See entnommene Bohrproben aus Eiskernen enthielten Spuren mikrobiotischen Lebens in Form von Bakterien, Pilzen und Sporen. Weitere Proben förderten Merkmale zutage, die man noch nie auf der Erde gesehen hatte.

Was sind also die nächsten Schritte zur Erforschung Europas und seiner Ozeane? Es gibt Pläne, innerhalb des nächsten Jahrzehnts eine Raumsonde zu entsenden, die den Mond umkreisen und eine detaillierte Laser- und Radarvermessung seiner Oberfläche durchführen soll. Solche topografischen Daten könnten wichtige Informationen über die unter dem Eis schlummernden Ozeane liefern. Beispielsweise wird erwartet, dass ein tiefer Ozean periodische Schwingungen von etwa 10 m auf Europas Oberfläche anregt, die für eine Sonde im Orbit registrierbar wären. Solche Studien sind eine wesentliche Vorbedingung für einen Lander auf Europa, der mit Bohr- oder Schmelzwerkzeugen die dicke Eiskruste überwindet, um direkt Proben aus den Ozeanen darunter zu entnehmen.

Die übrigen Jupitermonde

Auch andere Jupitermonde könnten viel Wassereis an der Oberfläche bergen und über Mechanismen zu innerer Aufheizung verfügen, was verborgene Ozeane gleich denen auf Europa ermöglichen würde. Ein Beispiel ist Ganymed, der größte Mond in unserem Sonnensystem. Seine Kruste besteht überwiegend aus festem Eis, das streckenweise von Milliarden Jahre alten Kratern übersät ist. Deren jüngste sind von einem Kranz heller Strahlen aus frischem Eis umsäumt, das durch Kometen- oder Asteroideneinschläge herausgeschleudert wurde. Unter dem Aspekt des flüssigen Wassers sind vergleichsweise jüngere Regionen mit Eisflächen, Bergen und Tälern noch interesssanter. Manche der hier sichtbaren Formationen könnten auch durch Wassereruptionen entstanden sein, weil durch innere Aufheizung geschmolzenes Untergrundeis wie „Wasserlava" aus dem Boden quoll und an der Oberfläche wieder gefror. Bilder der Raumsonde *Galileo* haben parallele Grate von teilweise hunderten Kilometern Länge aufgezeigt, zwischen denen sich glatte Talsohlen erstrecken, die von solcher „Wasserlava" überflutet gewesen sein könnten. Zudem lieferte Ganymeds Magnetfeld ähnliche Resultate wie das Europas, ein Hinweis darauf, dass unter seiner Eisdecke ebenfalls elektrisch leitfähige, flüssige Materie in Form eines salzigen Ozeans aus Wasser, Eis und Schlamm liegen könnte. Freilich ist Ganymeds Eispanzer viel dicker, schätzungsweise bis 150 km, was die Erkundung eines darunter liegenden Ozeans erheblich erschweren würde.

Ein interessantes Objekt ist auch Callisto, der äußerste der vier größten („Galileischen") Jupitermonde, dessen Durchmesser von 4840 km dem des Merkur entspricht. Die Masse von Callisto beträgt jedoch weniger als die des Merkur, was darauf schließen lässt, dass Wassereis auf diesem Mond so häufig vorkommt wie Gesteinsmaterial. Man vermutet, dass sich unter Callistos kraterübersäter Oberfläche ein Ozean verbirgt. Radioaktivität im Kern dieses Mondes soll den Vorhersagen nach genügend Wärme produzieren, damit das Salzwasser nicht gefriert. Im Unterschied zu Europa, dessen Ozeane ständig die Eiskruste aufbrechen, zeigt Callisto eine Oberfläche, die sich, abgesehen von Einschlagskratern, seit Jahrmilliarden offenbar nicht verändert hat. Dies legt die Vermutung nahe, dass Callistos Eismantel fast 150 km dick ist – ein wirksamer Schutz, damit die Wärme von innen nicht entweicht.

Diese besonders detailreiche Gesamtansicht vom Jupiter gelang aus der Raumsonde *Cassini*. Neben den rötlich-braunen Bändern und weißen, eiförmigen Zonen der dynamischen Atmosphäre sieht man gut den Großen Roten Fleck, einen ungemein langlebigen Sturmwirbel.

Eis auf dem Mond der Erde

Bislang haben wir unseren Erdtrabanten als leblose, staubig-trockene Wüste betrachtet. Die *Apollo*-Astronauten der 1960er- und 1970er-Jahre kehrten mit Gesteins- und Staubproben zurück, die keinerlei Wasser enthielten. Gründliche Laboranalysen dieser Proben schlossen auch Vorkommen unter der Oberfläche aus, die man hätte anzapfen können. Anders als beim Mars dürfte auf dem Mond im Laufe seiner langen Geschichte keine der sichtbaren Oberflächenstrukturen durch fließendes Wasser entstanden sein. So war das Erstaunen groß, als zwei Mondsonden Ende der 1990er-Jahre enthüllten, dass es in den permanent im Schatten gelegenen, sehr kalten Regionen am Nord- und Südpol des Mondes Wassereis gibt.

Den ersten zaghaften Hinweis auf dieses Wasser lieferte Ende 1996 die Raumsonde *Clementine.* Sie wurde im Januar 1996 auf eine mehrmonatige Reise geschickt mit dem Ziel, den Mond in verschiedenen Wellenlängenbereichen des elektromagnetischen Spektrums – von Ultraviolett bis Infrarot – zu kartografieren. Eine ihrer Glanzleistungen war die Erfassung der Größe und Tiefe eines gewaltigen Einschlagskraters in der Nähe des lunaren Südpols. Das so genannte Atkin-Becken misst im Durchmesser über 2500 km, es ist fast 13 km tief und damit der größte Krater im Sonnensystem. Zufällig liegt der lunare Südpol innerhalb des Atkin-Beckens. Da die Rotationsachse des Mondes fast senkrecht zur Ebene seiner Umlaufbahn um die Sonne steht, bedeutet dies, dass die Sonne, von den beiden Polen aus gesehen, immer in Horizontnähe erscheint. Daher liegen weite Teile des Atkin-Beckens ständig im Dunkeln. Vom wärmenden Licht der Sonne seit Jahrmilliarden abgeschirmt, ist die Temperatur in dieser Region bei -220 °C „eingefroren". Jegliches urzeitliche Wassereis in diesen Polkratern dürfte bis heute überdauert haben.

Das Reflexionsverhalten von Funksignalen an der Oberfläche eines Planeten kann zu einem gewissen Grad Aufschluss über deren Zusammensetzung liefern. Nachdem man mit einem Radiosender an Bord der Raumsonde *Clementine* Radiowellen in die dunklen Bereiche des Mondsüdpols gefunkt hatte, wurden deren Echos mit großen Parabolantennen auf der Erde eingefangen. Die herausragende Entdeckung war, dass die ständig dunklen Regionen rings um den Pol Radiowellen in einer Weise reflektierten, die auf Eis hindeutete. Die gleichen Echoeigenschaften wurden bei Strahlen, die von anderen (nicht-polaren) Mondregionen reflektiert wurden, nicht beobachtet. Hieraus schloss man, dass die Krater am Mondsüdpol Wassereis in Mengen enthalten, die dem Volumen eines großen Sees entsprechen.

Der Verdacht von Wassereis auf dem Mond erfuhr durch die im Januar 1998 gestartete NASA-Mission *Lunar Prospector* weitere Unterstützung. Ziel dieser kostengünstigen Mission war es, Mondeis mit größerer Sicherheit nachzuweisen. Mit einem so genannten „Neutronenspektrometer" an Bord schwenkte die Sonde in eine Mondumlaufbahn ein. Das Gerät sollte durch den Nachweis von Wasserstoffatomen Wassereis bis in eine Tiefe von ca. 1,5 m unter der Oberfläche am Nord- und Südpol aufspüren. Eindeutige Charakteristika für das Eis beschränkten sich auf

Diese Aufnahme unseres Erdtrabanten wurde von Kameras der Raumsonde *Galileo* kurz nach Beginn ihres langen Flugs zum Jupiter gemacht. Deutlich treten dunkle Flächen aus erstarrter Lava und alte Einschlagskrater hervor. Der Nordpol des Mondes liegt knapp in der Schattenzone am oberen Bildrand.

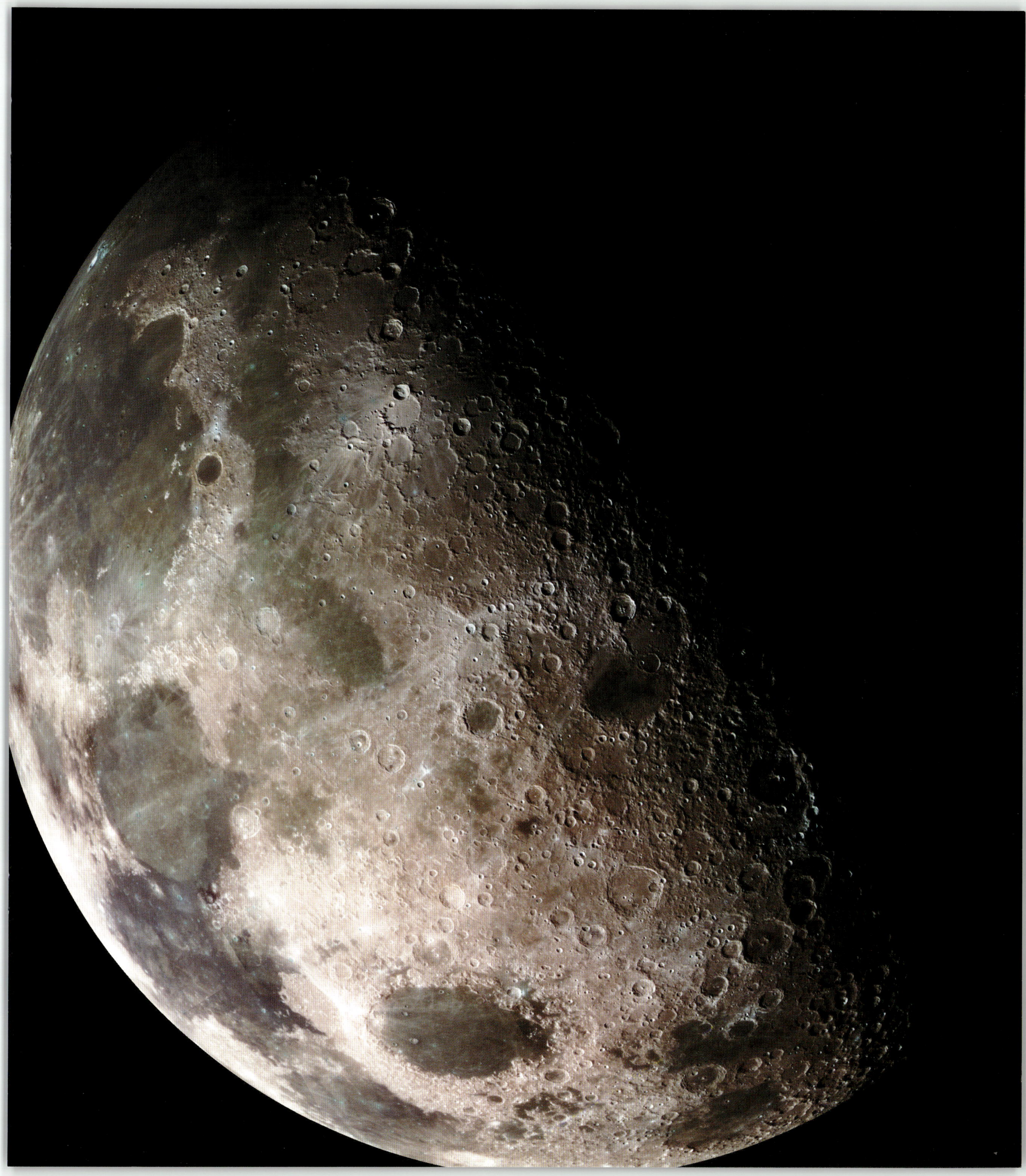

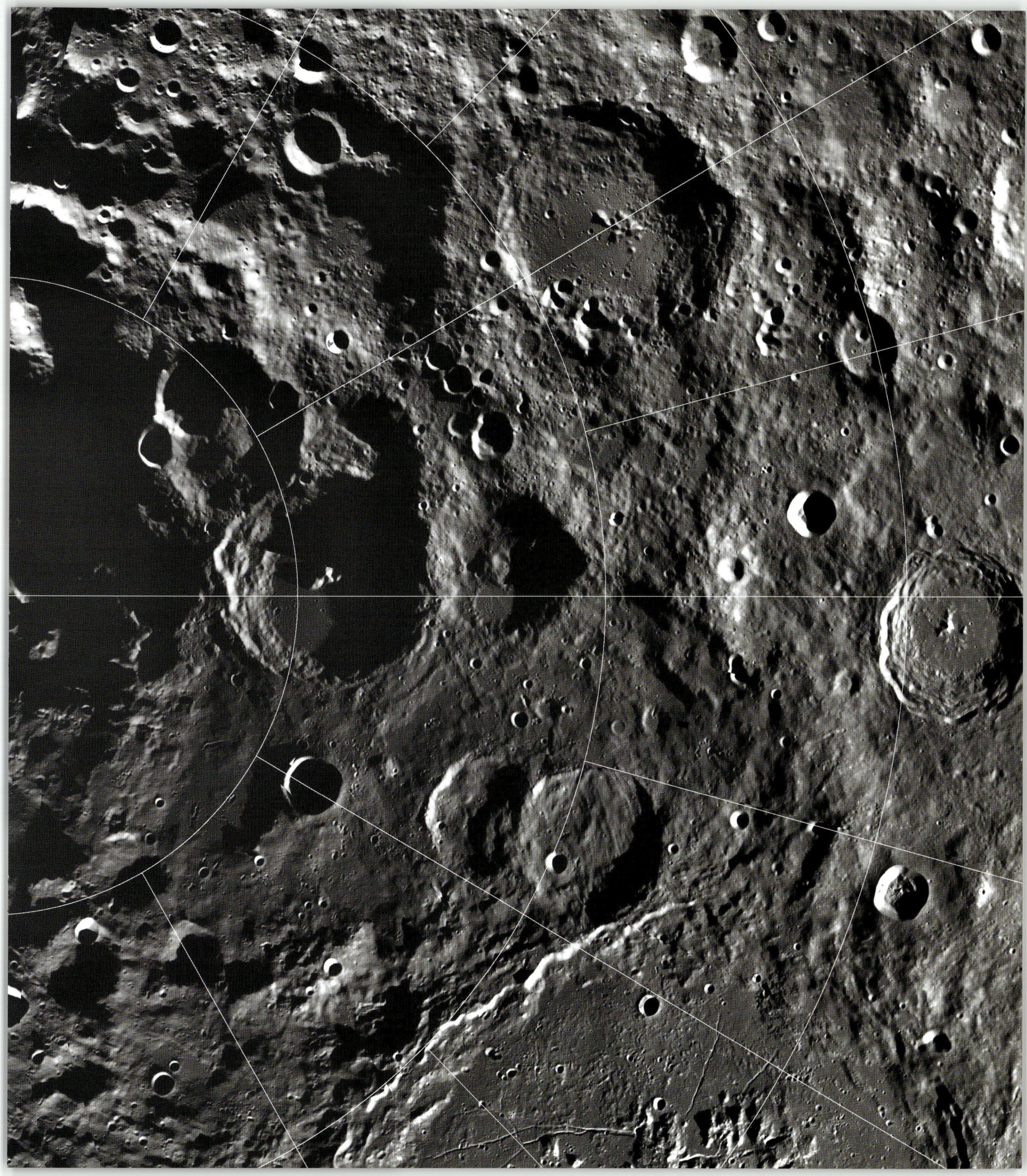

Vorherige Doppelseite: Wie gemeißelt wirkt die Südpolarregion des Mondes auf dieser außergewöhnlichen Aufnahme der Raumsonde *Clementine*. Ausgedehnte Schatten in Polnähe zeugen von einem größeren Einschlagskrater. Die Umgebung des Mondsüdpols liegt großenteils in ewigem Schatten und unvorstellbarer Kälte, sodass Wasser vorhanden sein könnte.

dunkle Krater und ergaben als Fazit, dass am Nordpol möglicherweise mehr Eis vorhanden ist als am Südpol. Die Gesamtfläche der lokalisierten Bereiche beträgt etwa 4000 km^2, was vielleicht einer Milliarde Tonnen Eis entspricht. Es lagert nicht in dicken Schichten an der Oberfläche, sondern gut vermischt in weit verstreut gelegenen Inseln im Mondboden oder Regolith.

Die *Lunar-Prospector*-Mission endete am 31. Juli 1999, als man die Sonde gezielt in einen der in ewigem Dunkel liegenden Krater nahe des Südpols abstürzen ließ, wo man Eis vermutete. Durch die Aufprallwucht, so hoffte man, würde Wasserdampf aus den Eisablagerungen im Boden freigesetzt; jedoch konnte trotz des Einsatzes starker Teleskope und anderer Instrumente auf der Erde keine Wasserdampffahne registriert werden.

Die Europäische Raumfahrtbehörde ESA hat jetzt ihre erste Sonde SMART-1 zum Mond geschickt. Sie benutzt als Hauptantriebssystem ein revolutionäres Ionentriebwerk und soll im Januar 2005 in eine Mondumlaufbahn einschwenken. Mit an Bord von SMART-1 sind wissenschaftliche Instrumente, die noch offene Fragen zu Ursprung und Eigenschaften des Mondes klären sollen. Neben der Erstellung einer ersten vollständigen Mondkarte im Röntgenbereich soll mittels Infrarotdetektoren erneut nach Anzeichen für Wassereis in permanent dunklen Kratern gesucht werden.

Die Herkunft des Mondeises

Die in ewiger Finsternis und Kälte gelegenen Mondkrater könnten Milliarden Jahre altes Eis bergen, wovon der größte Teil wahr-

Diese Kompositaufnahme aus zwei detailreichen Bildern des Kometen Wild 2 gelang der NASA-Raumsonde *Stardust* bei einem nahen Vorbeiflug am 2. Januar 2004. Gas- und Staubfontänen treten aus der aktiven Oberfläche des Kometenkerns. Im Januar 2006 soll *Stardust* Proben des Kometenstaubs zur Erde bringen. Der Kern eines solchen Kometen enthält kilometergroße Klumpen aus schmutzigem Wassereis, das in der Vergangenheit bei Einschlägen während der Frühphase des Sonnensystems auf Planeten und Monde gelangte.

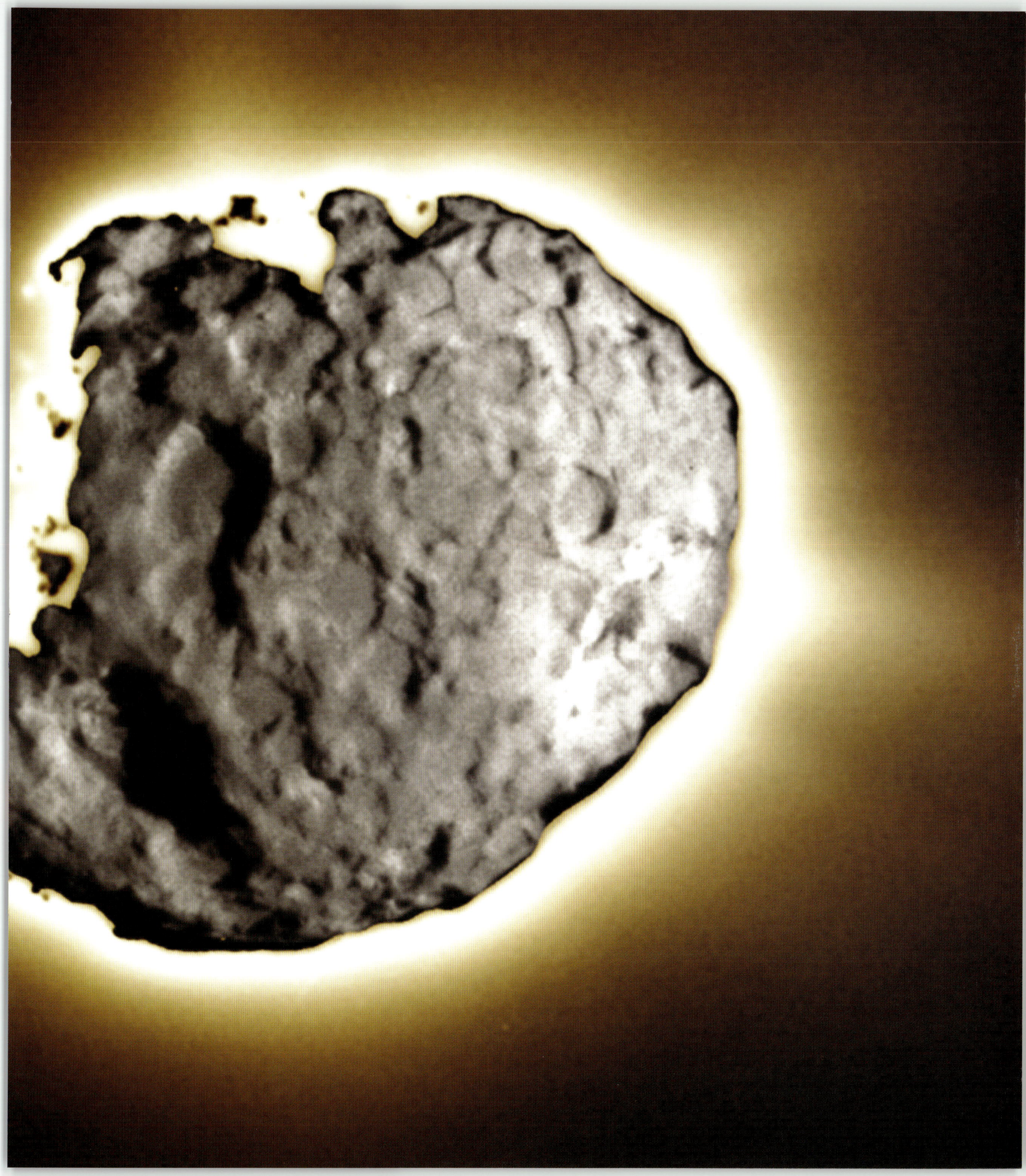

scheinlich von Kometeneinschlägen vor langer Zeit stammt. Kometen, die aus den äußersten Regionen des Sonnensystems Kurs auf die Sonne nehmen, bestehen überwiegend aus Eis. Seit Milliarden Jahren schon sind sie mit Planeten und Monden kollidiert, insbesondere in der Frühgeschichte des Sonnensystems. Während das Kometeneis größtenteils im Moment des Aufpralls zerstäubt worden sein dürfte, gelangte ein kleiner Teil entweder auf direktem Weg in die Krater oder driftete als frei bewegliche Moleküle zu den Polregionen und gefror dort. Da der Mond keine Atmosphäre besitzt, wird seine Oberfläche auch von kleineren Objekten wie Meteoriten und Mikrometeoriten bombardiert. Auch sie dürften vielfach eine Hülle aus Wassereis haben, wodurch sich die Menge des Mondeises stetig vergrößert.

Die Monderforschung von morgen

Die polaren Mondzonen mit unberührtem Wassereis sind eindeutig die viel versprechendsten Orte für die nächste Generation von Landefahrzeugen und anderen Raumsonden. Missionen, die Eisproben zur Erde mitbringen könnten, werden genaueste Analysen ermöglichen und den Weg ebnen für ehrgeizigere Forschungsvorhaben der Menschheit auf unserem nächsten Nachbarn im Weltraum. Die Entdeckung beträchtlicher Wassermengen hat große Auswirkungen auf den Bau ständiger Mondbasen. Neben Trinkwasser kann das Mondeis auch als Sauerstofflieferant dienen, der für Menschen lebenswichtig ist. Aus dem im Eis gebundenen Wasserstoff und Sauerstoff ließe sich außerdem Raketentreibstoff herstellen, womit Transporte zum und vom Mond wesentlich ökonomischer wären. Die in ständigem Schatten gelegenen Krater der lunaren Polregionen könnten sich somit zu den teuersten Grundstücken im Sonnensystem jenseits der Erde entwickeln.

Neuere Studien haben erstaunlicherweise belegt, dass Wassermoleküle auch im hier abgebildeten Orionnebel vorkommen, einem riesigen Gas- und Staubreservoir in 1500 Lichtjahren Entfernung. Der Nebel liefert nicht nur das Rohmaterial für die Entstehung neuer Sterne, auch eine hohe Wasserdampfkonzentration wurde in dieser Wolke aus interstellarem Gas gemessen. Das in den Kometen, Monden und Planeten enthaltene Wasser könnte in einer Wolke wie dem Orionnebel entstanden sein.

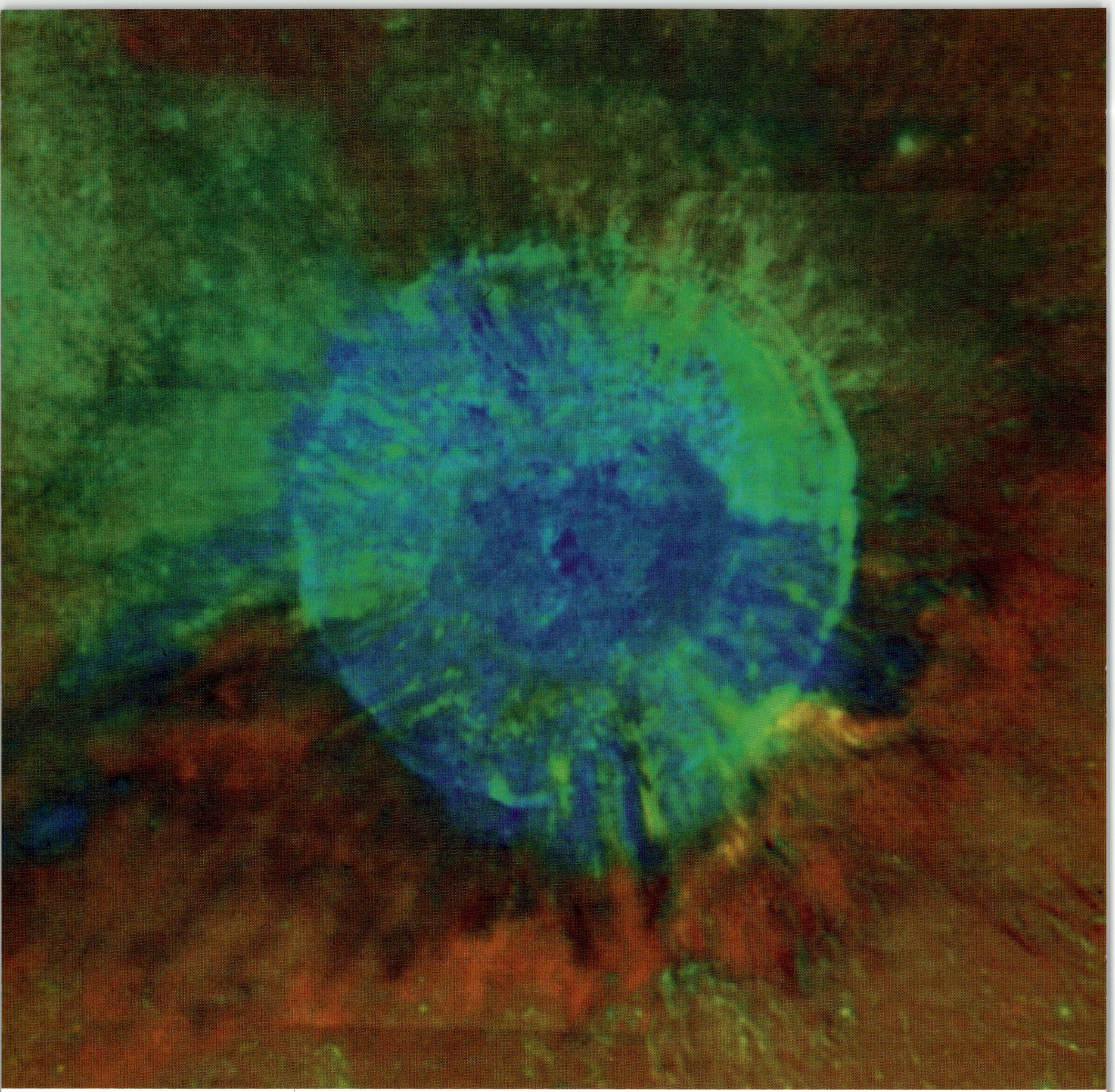

Diese sehr unterschiedlichen Aufnahmen der Mondkrater Erathostenes (rechts, von *Apollo 12*) und Aristarchus (links, in Falschfarbendarstellung von *Clementine*) zeigen bis ins Detail die Anatomie eines Einschlagskraters mit Boden, Rand, Zentralkegel und umliegendem Auswurf. Auch wenn sie nicht in den Polregionen liegen, geben Form und Struktur solcher Krater doch Einblicke in die realistische Prognose für eishaltige Krater am Nord- bzw. Südpol des Monde.

Welten jenseits unseres Sonnensystems

Seit Beginn der Aufklärung wird darüber nachgedacht, ob Planeten um andere Sterne als unsere Sonne kreisen. Inzwischen spekulieren wir nicht mehr über extrasolare Planeten, sondern erforschen Welten außerhalb des Sonnensystems. Seit 1995, als der um einen sonnenähnlichen Stern namens 51 Pegasi kreisende erste Exoplanet entdeckt wurde, wird monatlich mindestens ein Neuzugang gemeldet. Bislang sind über hundert Exoplaneten gefunden worden, und die Erfolgsquote steigt ständig. Diese Entdeckungen haben Auswirkungen auf die Astronomie, aber auch auf so unterschiedliche Gebiete wie Biologie und Philosophie. Im Folgenden diskutieren wir die Erforschung extrasolarer Planeten im Hinblick darauf, dass die Entdeckung ferner erdähnlicher Planeten das Ziel ist.

Bis heute entdeckte Exoplaneten

Planeten zu finden, die dutzende Lichtjahre entfernt andere Sonnen umkreisen, ist technisch sehr schwierig, denn anders als Sterne strahlen Planeten kein eigenes Licht ab, sondern reflektieren das ihres Muttergestirns. Das reflektierte Licht ist aber extrem schwach: In unserem Sonnensystem leuchtet die Sonne im sichtbaren Spektrum rund eine Milliarde mal heller als die Planeten. Aus 30 Lichtjahren Entfernung betrachtet, erschiene Venus, der hellste erdähnliche Planet, fast 600 Millionen mal schwächer als die Sonne. Mit heutiger Technik ist die Entdeckung so schwach reflektierten Sternenlichts nicht möglich.

Da Exoplaneten so lichtschwach sind, haben Astronomen indirekte Verfahren zu ihrer Lokalisierung entwickelt. Die erfolgreichste Methode untersucht das leichte „Schwanken" des Muttersterns, das durch die Gravitationskräfte ihn umkreisender Planeten hervorgerufen wird. Dieses Zittern ist kaum wahrnehmbar und erfordert präzise Geschwindigkeitsmessungen. Aus einem Abstand von rund 10 000 km entspräche die Amplitude dieses durch die umkreisende Planetenfamilie hervorgerufenen Zitterns der Sonne etwa dem Durchmesser einer kleinen Münze. Dieses Analyseverfahren macht sich den Dopplereffekt zunutze und verwendet ultrapräzise Instrumente, so genannte „Spektrografen", die auf Hochleistungsteleskope montiert sind. Damit lässt sich die Bewegung eines Sterns messen, während er sich auf uns zu- bzw. von uns wegbewegt. Die meisten bekannten extrasolaren Planeten wurden so entdeckt. Spektrografen wurden auch zur Lichtanalyse sonnenähnlicher Sterne mit Planeten zur Ermittlung von Alter, Temperatur und Strahlungsintensität eingesetzt, meist innerhalb einer Entfernung von 50 Lichtjahren zur Erde.

Alle bislang entdeckten Exoplaneten ähneln den riesigen Gasplaneten Jupiter und Saturn. Ihre Masse beträgt zwischen weniger als der Hälfte bis zum mehr als Zehnfachen der Jupitermasse, die Umlaufzeit um ihren Mutterstern zwischen etwa drei Tagen und 15 Jahren. Trotzdem weisen alle zwei überraschende Gemeinsamkeiten auf. Erstens umkreisen die meisten ihren Stern auf sehr nahen Umlaufbahnen; in einigen Fällen ist der Abstand wesentlich kleiner als in unserem Sonnensystem die Entfernung vom Merkur zur Sonne. Im Rahmen herkömmlicher Modelle zur

Eine rotierende Scheibe aus Gas und Staub umgibt den jungen Stern AB Aurigae. Durch Abschattung seines gleißenden Lichts (auf dem Bild durch das schwarze Kreuz) werden Einzelheiten der Scheibe erkennbar, zum Beispiel helle Knoten aus Gas und Staub, die von der Entstehung neuer Planeten zeugen. Die hier gezeigte Scheibe hat die mehrfache Größe unseres Sonnensystems.

Entstehung unseres Sonnensystems waren solche sternnahen „heißen Jupiter" nicht zu erwarten. Die zweite Überraschung ist, dass die Umlaufbahnen jener Exoplaneten, die ihren Stern tatsächlich in einem Abstand vergleichbar dem von Jupiter umkreisen, oft sehr exzentrisch oder elliptisch verlaufen, fast wie Kometenbahnen. Fazit: Die bislang entdeckten Planetensysteme unterscheiden sich erheblich von unserem.

Die Entdeckung weiterer erdähnlicher Planeten gehört zu den wichtigsten Zielen der Astronomie. Erste Schritte in diese Richtung sind die Suche nach multiplen Planetensystemen mit nur einem Zentralstern und nach kleineren Gasplaneten. Zu den jüngsten Erfolgen zählt die Meldung eines Riesenplaneten, der den sonnenähnlichen Stern 79 Ceti umkreist. Aus 117 Lichtjahren Entfernung zum Sternbild Cetus haben Astronomen das winzige Zittern bei 79 Ceti entdeckt, das von der Anziehungskraft eines Planeten mit nur 70 Prozent der Saturnmasse hervorgerufen wird. Er bewegt sich auf einer elliptischen Umlaufbahn, die ihn näher an 79 Ceti heranbringt als Merkur zur Sonne steht. Planeten auf solch eiförmigen Umlaufbahnen erfahren vermutlich extreme Temperaturunterschiede, während sie sich abwechselnd auf ihren Stern zu- und wieder von ihm wegbewegen. Auf dem Gasplaneten von 79 Ceti kann es bis zu 830 °C heiß werden. Ein Planetensystem wurde auch bei einem drei Milliarden Jahre alten Stern namens Ypsilon Andromedae in fast 45 Millionen Lichtjahren Entfernung entdeckt. Ihn umkreisen gleich drei riesige Gasplaneten, davon ist einer zehnmal massereicher als Jupiter und benötigt für einen Umlauf 1267 Tage. Ein zweiter Planet mit Jupitermasse umkreist Ypsilon Andromedae im gleichen Abstand wie die Erde die Sonne, während ein dritter mit nur 70 Prozent der Jupitermasse seinem Stern fast siebenmal näher kommt als Merkur der Sonne, weshalb er einen Umlauf schon nach vier Tagen vollendet. Ein weiteres Dreifach-Planetensystem umkreist den Stern 55 Cancri. Einer dieser drei Giganten „klebt" mit einer Umlaufzeit von nur 15 Tagen förmlich an 55 Cancri, während sich der zweite mit einer Periode von 44 Tagen etwas weiter draußen bewegt. Interessanterweise ist das dritte Glied in diesem System ein riesiger Gasplanet auf einer annähernd kreisrunden Umlaufbahn in etwa gleichem

Die künstlerische Ansicht eines jupiterähnlichen Gasplaneten, der den Zwergstern Gliese 876 (im Hintergrund) umkreist. Der Planet wurde indirekt durch Messungen des Zitterns des Sterns entdeckt, das durch seine Anziehungskraft verursacht wird. Gliese 876 befindet sich 15 Lichtjahre entfernt im Sternbild Aquarius.

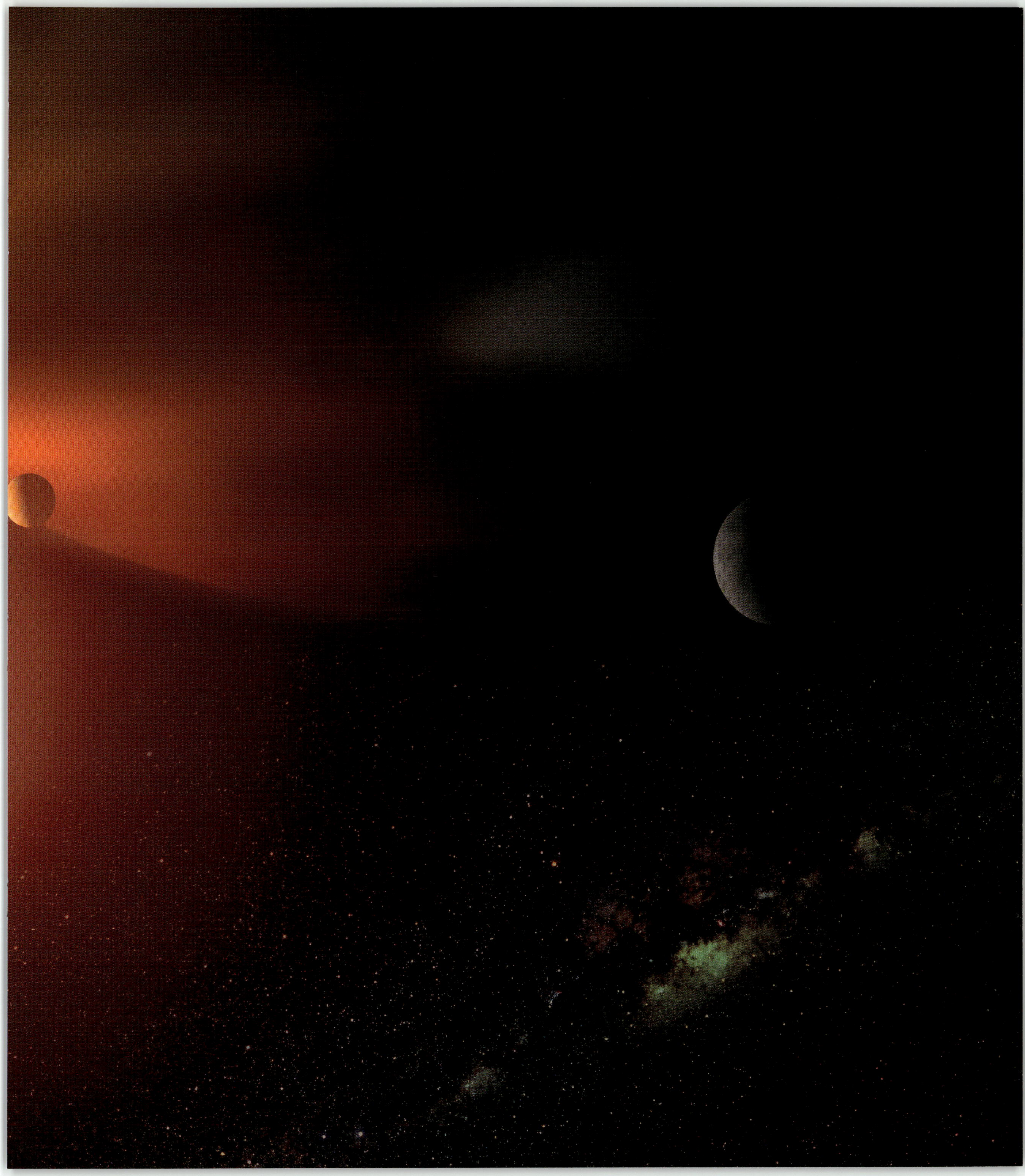

HARDY

Vorherige Doppelseite: Die imaginäre Szene illustriert den Blick von einem Mond des jupiterähnlichen Planeten, der den Stern HD70642 umkreist. Während der extrasolare Planet doppelt so massereich wie Jupiter und für Leben ungeeignet ist, ergab die Erforschung unseres Sonnensystems, dass Monde von Exoplaneten unter ihrer eisigen Oberfläche Ozeane aus Wasser bergen könnten.

Abstand wie Jupiter zur Sonne. Denkbar wäre, dass das Planetensystem von 55 Cancri erdengroße Welten enthält, die ihrer Entdeckung durch immer feinere Methoden und Instrumente harren.

Neue Ideen zur planetaren Entstehung

Die meisten bekannten extrasolaren Planetensysteme unterscheiden sich erheblich von unserem und stehen im Widerspruch zu den Theorien über die Entstehung unseres Sonnensystems. Diese neuen Welten zwingen uns, den Ursprung unseres Planeten neu zu überdenken, und werfen sogar die Frage auf, ob die Erde nicht zu einer sehr seltenen Planetenfamilie gehört. Die konventionelle Theorie zur Entstehung unseres Sonnensystems geht davon aus, dass sich die neun Planeten (und Asteroiden, Kometen und anderen Trümmer) in einer flachen, rotierenden Scheibe aus Gas und Staub gebildet haben. Diese Materie war nach Entstehung der Sonne im Zentrum der Scheibe übrig geblieben. Die riesigen Gasplaneten bildeten sich in den äußeren Bereichen, weitab von der Sonne, wo es kalt genug ist, damit sich Staubpartikel mit einer Eishülle umgeben konnten, die als Bindemittel wirkte, sodass sich die Partikel langsam zu Planetenkernen mit der mehrfachen Masse der Erde verdichteten. Schließlich erreichten die Planetenkerne genügend Masse, sodass ihre Schwerkraft ausreichte, um beträchtliche Mengen von meist Wasserstoff- und Heliumgas aus der sie umgebenden Scheibe einzufangen, wodurch sich riesige (jupiterähnliche) Gasplaneten bildeten. In Sonnennähe ist dagegen kaum Materie vorhanden; in dieser viel wärmeren Umgebung können nur kleine (erdähnliche) Steinplaneten entstehen.

Dieses konventionelle Modell unseres Sonnensystem sagt somit Planeten auf kreisförmigen Umlaufbahnen voraus, wobei riesige Gasplaneten nur im äußeren Sonnensystem vorkommen. Es verwundert daher, dass die Mehrzahl der bislang entdeckten extrasolaren Planeten entweder jupiterähnliche Gasplaneten sind, die förmlich an ihrem Stern kleben, oder aber weiter entfernt und dafür auf exzentrischen, elliptischen Umlaufbahnen. Infolge dieser Entdeckungen mussten herkömmliche Vorstellungen zur Planetenbildung überdacht werden. Einer Theorie zufolge könnten neue massereiche Planeten eine Lücke in die rotierende Scheibe aus Gas und Staub „schneiden" und sie in eine innere und eine äußere Zone unterteilen. Die innere verliert daraufhin an Energie, was die Riesenplaneten in der äußeren Zone in eine Spiralbewegung in Richtung des Sterns zwingt. Dies würde erklären, warum massereiche Exoplaneten ihrem Stern so nahe „auf die Pelle rücken". Als Folge der gen Zentrum gerichteten Wanderung von Riesenplaneten können weitaus kleinere Steinplaneten völlig aus dem Sonnensystem gedrängt werden. In diesem Szenario wäre es purer Zufall, dass die riesigen Gasplaneten unseres Sonnensystems – Jupiter, Saturn, Uranus und Neptun – in dessen äußerer Zone verblieben sind: Wären sie nach innen gedriftet, hätte die Erde in die Tiefen des Alls katapultiert werden können.

Um Unterschiede zwischen Planetensystemen, die sich womöglich in verschiedenen Phasen ihrer Entstehungsgeschichte befinden, wirklich zu verstehen, bedarf es noch der Entdeckung vieler extrasolarer Planeten. Erst dann werden wir wissen, ob die Eigenschaften unseres eigenen Sonnensystems gewöhnlich sind – oder außergewöhnlich.

Möglichkeiten für Leben?

Es ist eine fundierte Prognose, dass wir erdähnliche Planeten, die um sonnenähnliche Sterne kreisen, bald direkt abbilden und messen können. Künftige Missionen wie *Kepler*, die *Space Interfero-*

meter Mission, *Darwin* sowie *Terrestrial Planet Finder* sollen uns diesem Ziel näher bringen. Einen ersten Fortschritt könnte die Entdeckung des schwachen Lichts von einem erdähnlichen Planeten bringen. Mit Hilfe moderner Spektrografen kann solches Licht analysiert und in seine Einzelfrequenzen zerlegt werden, wodurch wir etwas über die chemischen Verbindungen und Gase in der Atmosphäre des Exoplaneten erfahren.

Spektrografen könnten auch Atemgas aufspüren und so verraten, ob es auf einem Planeten Leben gibt – große Mengen Bakterien würden durch ihre Atmung die chemische Zusammensetzung der planetaren Atmosphäre verändern. In der Erdatmosphäre gibt es Ozon und Sauerstoff erst, seit Blaugrüne Algen vor Milliarden Jahren die Photosynthese in den Meeren „erfanden". Ein weiteres Anzeichen für primitive Lebensformen auf einem Exoplaneten könnten Methanmoleküle sein. In der frühesten Phase der Erdgeschichte beherrschten Mikroorganismen den Planeten; sie lebten von der in Gasen gebundenen Energie und setzten in einigen Fällen Methan frei. Zwar ist es noch weit bis zum Nachweis von Wasser auf einem erdähnlichen Exoplaneten, doch seine Entdeckung Lichtjahre von der Erde entfernt wäre ein gewaltiger Schritt in Richtung auf Erkennung außerirdischen Lebens, „wie wir es kennen". Heute nutzen Wissenschaftler auf der Suche nach Wasser in Sternennähe das Mikrowellenpendant zum Laser, den so genannten Maser (microwave amplification by stimulated emission of radiation). Unter bestimmten Bedingungen können Wassermoleküle im Weltraum Maserstrahlung aussenden, die auf der Erde als Radiofrequenz von 22 Gigahertz empfangbar ist. Diese charakteristische Strahlung wurde bereits von den Sternen Ypsilon Andromedae, Epsilon Eridani und Lalande 21 185 aufgefangen, die (nach dem per Dopplerverfahren nachgewiesenen Zittern zu urteilen) jeder auch ein Planetensystem besitzen.

Das Leben auf extrasolaren Planeten könnte sich biologisch dramatisch von unserem unterscheiden. Extraterrestrische Biologie auf Siliziumbasis – im Gegensatz zu Kohlenstoff – wäre etwas völlig Neues. Vielleicht benötigen dortige Lebensformen auch kein Sternenlicht, sondern gedeihen mit geothermaler Energie, wie sie auf der Erde von den Tiefseeschloten (Black Smokers) produziert wird. Astronomie und Astrophysik streben danach, chemische und biologische Prozesse um ferne Sterne und Planeten zu messen. Fast übersteigt es unsere Vorstellungskraft, was die nächsten Jahrzehnte in der Erforschung extrasolarer Planeten enthüllen könnten.

Die Suche nach bakteriellem Leben im Sonnensystem und die Entdeckung zahlreicher Exoplaneten haben das Interesse an der Astrobiologie (oder Exobiologie) geweckt, die das Studium des Weltraums mit dem Studium des Lebens verbindet. Das beschränkt sich nicht auf die Suche nach Leben in den Weiten des Alls; man möchte auch über Ursprung, Entwicklung und Zukunft des irdischen Lebens mehr erfahren. Derzeit werden allenthalben Forschungsinstitute für Astrobiologie aufgebaut, um so unterschiedliche Gebiete wie Astronomie, Biologie, Chemie und Geologie zusammenzuführen. Die Wissenschaftler werden durch mehrere unabhängige Beweisketten motiviert, die unterm Strich vermuten lassen, dass biologische Vorgänge im Weltall etwas Normales sind.

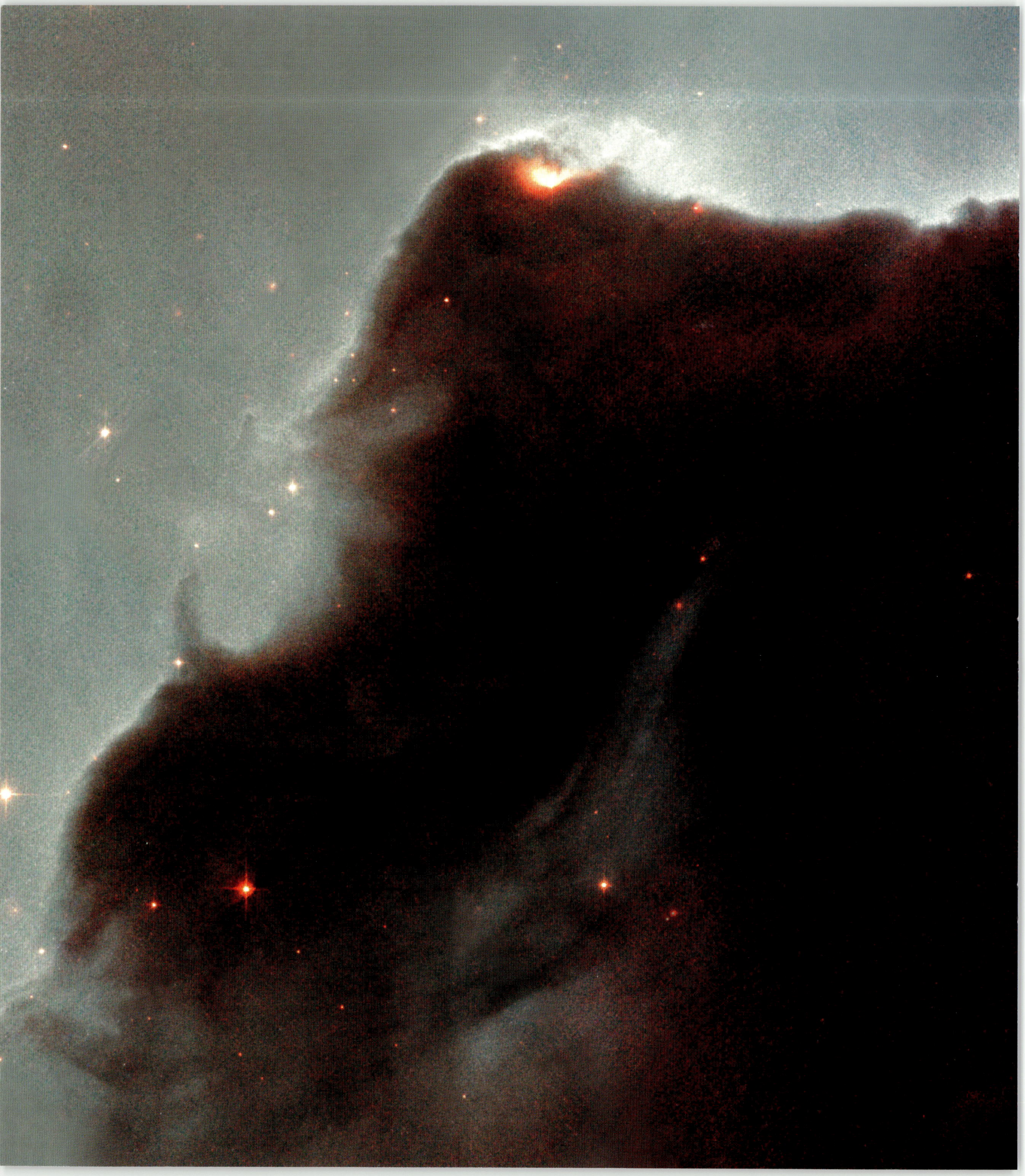

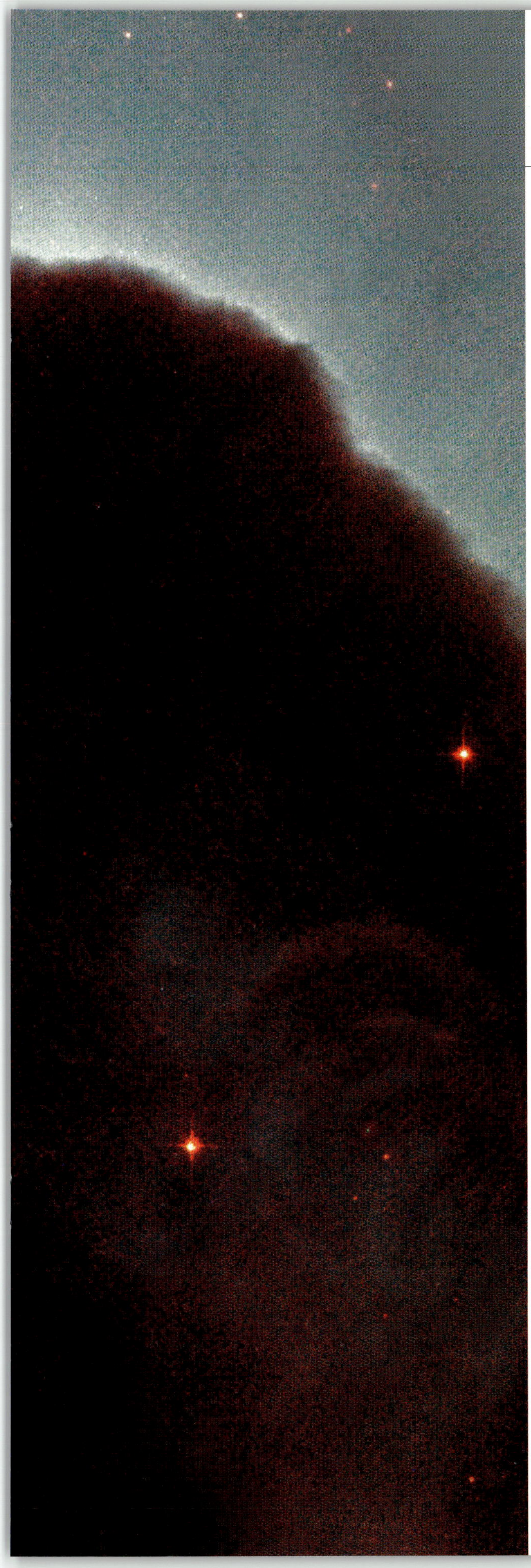

Sternenwiege: Der bildhafte Pferdekopfnebel wurde von den Kameras des Hubble-Teleskops in beachtlicher Detailfülle eingefangen. Diese Wolke aus kaltem Gas und Staub im interstellaren Raum ist eine Brutstätte für neue Sterne.

Ursprünge

In eine Erdumlaufbahn gebrachte oder auf hohen Bergen errichtete Superteleskope liefern uns extrem detailreiche Ansichten des Universums. Mit Unterstützung durch hochmoderne Apparaturen und ausgeklügelte Methoden ermöglichen die neuesten Anlagen aufregende Vorstöße zur Lösung zentraler Fragen von Astronomie und Kosmologie.

Dieses Kapitel erörtert drei Schlüsselgebiete der modernen Wissenschaft, denen das Thema Ursprünge gemein ist: die Geburt von Sternen, die Bildung von Galaxien und die Bedingungen in der Anfangsphase des Universums. Das Hubble-Weltraumteleskop (HST) und andere Observatorien geben inzwischen feinste Details jener Prozesse preis, durch die Sterne aus riesigen Gaswolken entstehen – mit neuen Konsequenzen für unser Verständnis von extrasolaren Planetensystemen und den Funktionsmechanismen von Galaxien. Wir können jetzt auch in immense Tiefen des Alls blicken und Zeuge der Entwicklung eines jungen Universums werden, wo gerade die ersten Galaxien entstehen. Dieses Wissen über das Werden der Galaxien hat zu Theorien über die Ursprünge der ersten Sternengeneration und das Wachstum so riesiger Strukturen wie der massereichen Galaxienhaufen geführt. Indes liegt die größte Herausforderung darin, den Ursprung, die frühe Entwicklung und das Schicksal des Weltalls selbst zu begreifen. Neue Mikrowellenkarten von Licht, das nur 380 000 Jahre nach dem Urknall ausgesendet wurde, definieren die grundlegenden Eigenschaften des Universums präziser als je zuvor.

Diese höchst aufschlussreiche Aufnahme des riesigen Nebels NGC3603 hält gleich mehrere Phasen des stellaren Lebenszyklus fest. Gewaltige Wolken aus sterngebärendem Wasserstoffgas (rechts im Bild) werden durch intensive Strahlung junger, massereicher Sterne (unterhalb der Bildmitte) zum Leuchten angeregt. Links oben erkennt man einen Haufen schon weiter entwickelter, massereicher blauer Sterne.

Die Geburt von Sternen

Entscheidend für unser Verständnis des Universums ist das Wissen, wie Sterne entstehen, denn sie sind der zentrale Faktor in der Struktur von Galaxien und bei der Bildung von Planeten; zudem sind sie eine Quelle lebensspendender chemischer Elemente. Sterne werden aus kaltem Gas und Staub im Inneren gewaltiger Wolken geboren, wo dichte Materieklumpen unter ihrer eigenen Schwerkraft allmählich komprimiert werden. Die grundlegenden Mechanismen der Entstehung von Sternen sind seit Jahrzehnten bekannt, doch erfassen wir dank Teleskopen, die im Infrarot-, Radio- und optischen Bereich arbeiten, seit einigen Jahren auch die feineren Details dieses Prozesses.

Der Raum zwischen den Sternen ist nicht leer. Zwar ist er materieärmer als das reinste Vakuum, das wir im Labor herstellen können, dennoch finden sich zwischen den Sternen feinst verteilte Staub- und Gaspartikel, das so genannte „interstellare Medium". Wenn wir uns ein maßstäbliches Modell denken, in dem ein Atom die Größe eines Erwachsenen hat, so wäre jedes Atom (bzw. jede Person) 778 Millionen km von seinem (ihrem) Nachbarn entfernt, was etwa der Strecke Sonne – Jupiter entspricht. Annähernd 99 Prozent des interstellaren Mediums bestehen aus Gas, überwiegend Wasserstoff und etwas Helium, der Rest zumeist aus extrem kleinen Staubpartikeln von rund einem tausendstel Millimeter Durchmesser. Dabei handelt es sich um unregelmäßig geformte Teilchen aus festem Kohlenstoff, Silizium, Eis und Eisenverbindungen, die eine wichtige Rolle bei der Entstehung von Planeten wie der Erde spielen.

Dieser sehr reiche Doppelhaufen junger Sterne befindet sich rund 150 000 Lichtjahre entfernt in der Großen Magellanschen Wolke, einer unserer Nachbargalaxien. Der kleine Haufen rechts unten enthält sonnenähnliche, noch im Entstehen befindliche Sterne. Die Aufnahme ist ein schönes Beispiel für die Wechselwirkung von Gas, Staub und Sternen im Weltraum. Massereiche Sterne im Hauptthaufen explodierten schon vor Jahrmillionen als Supernovae, wodurch der zarte Schleier am linken Bildrand entstand. Vermutlich lösen die Stoßwellen so gewaltiger Explosionen jene Prozesse aus, die in der Folge die Geburt neuer Sterne aus Gas und Staub einleiten.

Riesen-Molekülwolken

Die Materie ist jedoch nicht gleichmäßig im interstellaren Raum verteilt, sondern kann sehr unregelmäßig in Gestalt riesiger Gas- und Staubwolken auftreten. Diese mitunter als „Nebel" bezeichneten Wolken bestehen vorwiegend aus Wasserstoff- und Heliummolekülen und können über tausendmal dichter sein als der umgebende interstellare Raum. Die Nebel in unserer Milchstraße haben typischerweise einen Durchmesser von mehreren Lichtjahren. Die dichtesten und massereichsten Bereiche dieser Nebel sind riesige Molekülwolken, deren Gasmenge zur Bildung von über 100000 Sternen wie unserer Sonne ausreichen würde. Sie sind die Grundbausteine unserer Galaxis; bekannte Vertreter solcher Sternfabriken finden sich in den Sternbildern Orion, Taurus, Ophiuchus und Chamaeleon.

Der größte Teil des Gases in diesen Wolken ist mit Temperaturen bis -200 °C sehr kalt, weshalb sie keinerlei optisches Licht aussenden. Dieses Unvermögen, in die Wolken sehen zu können, wird noch durch Staubpartikel erschwert. Um also mehr über den Entstehungsprozess von Sternen zu erfahren, müssen die Astronomen auf Wellenlängenbereiche wie Infrarot- und Radioband ausweichen. Mit speziell für diese Wellenlängen entwickelten Teleskopen blicken sie selbst in die dichtesten Bereiche einer dunklen Molekülwolke, wo aus kondensierenden Klumpen, Verdichtungen aus Wasserstoffgas und mikroskopischen Staubpartikeln Sterne geboren werden. Die besonders undurchsichtigen Vertreter solcher Klumpen nennt man „Bok-Globulen"; sie treten als scharf abgezeichnete schwarze oder dunkle Flecken vor einem Hintergrund aus Sternen auf. In diese lichtjahrgroßen Globulen liegen embryonale Sterne eingebettet, deren sichtbares Licht jedoch den Staub nicht durchdringen kann.

Wenn Zonen innerhalb dieser wirbelnden Molekülwolken zunehmend massereicher und dichter werden, fallen sie aufgrund der Gravitationskraft in sich zusammen, und infolge der anhaltenden Kompression steigen Temperatur und Druck in ihrem Inneren. Nach einer Kollapsphase von 10000 bis einer Million Jahren erreicht die Kerntemperatur 15 Millionen °C, was ausreicht, um Kernfusionsreaktionen in Gang zu setzen und so den neugeborenen Stern zu befeuern. Die Zündung dieses nuklearen Feuers markiert das Ende der Sternbildungsphase, und die freigesetzte Energie verhindert jede weitere Kontraktion des Sterns.

Das HST hat verblüffende Fotos von neugeborenen Sternen in stellaren „Kinderstuben" gemacht, die ihre sie noch umgebende Hülle aus Gas und Staub anstrahlen. Die Aufnahmen zeigen, wie werdende Sterne umliegende Materiewolken in ultraviolettes Licht tauchen. In solchen turbulenten Sterngeburtswolken sieht man oft gigantische Säulen aus Gas und Staub. Beispiele hierfür sind der 2500 Lichtjahre entfernte Konusnebel im Sternbild Monoceros oder die bis zu einem Lichtjahr hohen Säulen des Adlernebels im Sternbild Serpens. In beiden Fällen frisst hier die UV-Strahlung der heißen Sterne die Ränder der Dunkelwolken weg und gibt den Blick auf zuvor verborgene Phasen der Sternbildung frei. Zudem regt sie das umgebende Wasserstoffgas zum Leuchten an, was den für viele stellare Nebel typischen roten Farbton bewirkt. Die präzisen Bilder belegen zudem, dass die Verdampfung infolge der UV-Strahlung das Wachstum embryonaler Sterne beeinträchtigt, indem sie das Gas zerstreut, das sich sonst vielleicht ange-

Der Ausschnitt einer Hubble-Aufnahme des Schwanennebels zeigt eine turbulente sternbildende Wolke in rund 5800 Lichtjahren Entfernung. Hochenergetisches UV-Licht von massereichen embryonalen Sternen heizt das kalte Wasserstoffgas in der Umgebung auf, das orangerot leuchtet.

Vorherige Doppelseite: Eine sternbildende Wolke aus Gas und Staub, 2500 Lichtjahre von der Erde entfernt. Leuchtendes Wasserstoffgas taucht die Spitze der gigantischen Säule in einen Hof aus rotem Licht. Solche Säulen, oft mehrere Lichtjahre hoch, sind Brutstätten für neue Sterne in unserer Galaxis.

lagert hätte. Dieser Prozess begrenzt somit die zur Entstehung von Planeten in Akkretionsscheiben verfügbare Materiemenge.

Outflows und Jets

Zu den erstaunlichsten Entdeckungen aufgrund detaillierter Beobachtungen sternbildender Wolken zählt, dass offenbar fast jeder neugeborene Stern Materie in Form von hoch erhitztem Gas ausstößt. Das Gas schießt entweder in ultraschnellen Jets heraus oder wird in einem energetischen Wind, einem „Outflow", davongetragen. Jüngste Beobachtungen haben neue Einblicke in die ungeheure Energie dieses Phänomens geliefert. Die Jets rasen mit mehr als 1,5 Millionen km/h durch das All, werden Milliarden oder gar Billionen Kilometer lang und können über diese Strecke die äquivalente Masse von hundert unserer Sonnen mitreißen. Anscheinend entstehen solche Jets, wenn Gas auf einen neugeborenen Stern fällt, sich erhitzt und dann, höchstwahrscheinlich mit Unterstützung seines Magnetfelds, davongeblasen wird. Hoch aufgelöste Bilder zeigen, dass die Jets sehr dicht bei dem Stern entspringen. Ihre mitunter erkennbare komplexe Knotenstruktur deutet darauf hin, dass die gashaltige Geburtsscheibe, die den jungen Stern umgibt, selbst unregelmäßig und klumpig aufgebaut ist.

Neben den schmalen, eng gebündelten Jets kann man auch breitere, ovale Materieströme von jungen Sternen wegrasen sehen. Als Ursache hierfür vermutet man den Auftrieb von Materie, die sich in der Scheibe rund um den Stern ansammelt. Die Outflows können sich über mehrere Lichtjahre erstrecken und sind stark genug, um die umgebende riesige Molekülwolke zu deformieren, ja auseinander zu reißen. Auf Fotos, die über mehrere Jahre mit dem HST gemacht wurden, kann man sogar verfolgen, wie sich diese gigantischen Ströme entwickeln.

Schönheit und Mysterium des Weltalls – mit dem 8-m-Teleskop der ESO in Chile eingefangen: Vor einem Hintergrund aus funkelnden Sternen steht die dunkle Staubwolke Barnard 68. Ihre Größe entspricht 12500-mal der Entfernung zwischen Sonne und Erde. Unser Wissen über die Entstehung von Sternen gründet sich auf die physikalischen Bedingungen im kalten Inneren interstellarer Wolken wie Barnard 68.

Jets und Outflows zeichnen die jüngste Geschichte neuer Sterne auf und räumen die Vorräte an unverbrauchtem Gas und Staub fort, die sie bei ihrer Geburt umgeben. Schließlich kann uns diese Geschichte eine Menge über die Bedingungen verraten, unter denen Planeten um Sterne herum entstehen.

Protoplanetarische Scheiben

Während ein riesiger kollabierender Nebel die Basis der Entstehung eines Sterns bildet, hatten Astronomen schon lange die Vermutung, Sterne seien von Gas- und Staubresten umgeben, die in einer flachen, pfannkuchenförmigen Scheibe rotieren. Diese Scheiben sind hochinteressant, weil sie die frühesten Phasen – nicht nur bei der Bildung von Sternen, sondern auch von Planeten – repräsentieren. Diese „protoplanetarischen Scheiben" bestehen vermutlich zu 99 Prozent aus Gas und nur zu einem Prozent aus Staubpartikeln, obwohl selbst diese kleine Staubmenge sie undurchsichtig macht und ihre Betrachtung oder Fotografie erschwert. Beachtliche Fortschritte bei Teleskopen und Geräten in jüngerer Zeit haben uns jedoch überragende neue Ansichten von protoplanetarischen Scheiben beschert.

Mit Infrarotdetektoren hat man aus verschiedensten Winkeln (waagrecht bis senkrecht) in die dunklen Staubscheiben hineingespäht und Informationen über ihre Stärke und Dichte gewonnen. Manche dieser protoplanetarischen Scheiben enthalten mehr als die zehnfache Gesamtmasse unseres Sonnensystems. Sie lassen sich in zwei Hauptkategorien einteilen: dicke Scheiben, die Protosterne vor Einsetzen der Kernfusion in ihrem Inneren umgeben, und dünne Schuttscheiben um ältere Sterne mit viel heißerem Kern. Die Bildung von Planeten findet während der Übergangsphase zwischen diesen beiden Scheibentypen statt. Die Erde und andere Planeten unseres Sonnensystems sind vermutlich vor rund 4,5 Milliarden Jahren aus solchen Scheiben hervorgegangen. In der Tat sind protoplanetarische Scheiben scheinbar alltäglich, und wenn Planeten ein natürliches „Abfallprodukt" der Sternentstehung sind, muss man davon ausgehen, dass Planeten ebenso alltäglich sind.

Dank neuer Instrumente wie dem Infrarot-Weltraumteleskop (SIRTF) der NASA stehen wir kurz vor einem enormen Wissensschub über diese Planetenschmieden.

Die Computersimulation zeigt, wie ein Stern aus einer ihn umgebenden Gasscheibe geboren wird. Der Zentralstern zieht allmählich Materie von der Scheibe ab, bis sein Kern heiß und dicht genug ist, damit die nuklearen Fusionsreaktionen in Gang kommen.

Galaxien entstehen

Galaxien sind die Bausteine des Alls. Im sichtbaren Universum gibt es ihrer mehr als 100 Milliarden, jede enthält Millionen oder Milliarden von Sternen sowie Gas und Staub, und alles wird durch Schwerkraft zusammengehalten. Trotz gewaltiger Unterschiede hinsichtlich Größe, Helligkeit und Struktur werden Galaxien in nur drei Gruppen eingeteilt: Spiralen, Ellipsen und Unregelmäßige. Spiralgalaxien wie unsere Milchstraße verdanken ihre Bezeichnung den prächtigen Spiralarmen, die, einem Feuerrad vergleichbar, aus einer zentralen „Nabe" abzweigen. Elliptische Galaxien sind oval und produzieren im Unterschied zu den Spiralen schon lange keine Sterne mehr. Unregelmäßige Galaxien wirken chaotisch, ohne erkennbare Form oder Struktur, und sind meist regelrechte „Gebärfabriken" für Sterne. Ein heiliger Gral für die moderne Astronomie wäre die Entdeckung, wie die verschiedenen Galaxientypen in der Frühgeschichte des Universums entstanden sind.

Die Suche nach einer Antwort auf die Frage nach der Entstehung der Galaxien ist eine der größten Herausforderungen für Astronomie und Kosmologie. Wie wir gesehen haben, können Astronomen die Bildung eines Sterns beobachten, weil dies ein fortlaufender Prozess ist – unsere eigene Galaxie hat in den vergangenen 10 Milliarden Jahren mehrere sonnenähnliche Sterne pro Jahr hervorgebracht. Jedoch haben wir noch nie direkt die Entstehung naher Galaxien miterlebt, hauptsächlich deshalb, weil sie alle vor Milliarden Jahren in einem langsamen, stufenweisen Prozess und nicht auf einen Schlag entstanden sind. Die Astronomen müssen Hightech-Teleskope für die Beobachtung der lichtschwächsten und fernsten Galaxien einsetzen und damit eine Zeitreise bis zu ihren Anfängen unternehmen. Licht legt zwar unvorstellbare 300 000 km/sec zurück, aber das Weltall ist so riesig, dass Licht der fernsten Galaxien Milliarden Jahre bis zu uns unterwegs ist. Je weiter also eine Galaxie entfernt ist, desto weiter schauen wir in die Vergangenheit zurück. Die tiefsten Blicke ins Universum machen es möglich, lichtschwache Urgalaxien zu sehen, wie sie vor über 10 Milliarden Jahren aussahen. Somit können wir nun die Entstehung von Strukturen im Weltall wie Galaxien und Galaxiengruppen erleben. Neben dem Einsatz von Teleskopen als „Zeitmaschinen" können gründliche Studien der heutigen Sternpopulationen unserer nächstgelegenen Galaxien unser Wissen über die Entstehung von Galaxien erweitern.

Bausteine in den Tiefen des Alls

Das hochempfindliche Hubble-Weltraumteleskop hat uns nie zuvor gesehene, extrem detailreiche Bilder des jungen Universums beschert. Die spektakulärsten Aufnahmen zeigen Ansichten von vor fast 13 Milliarden Jahren, als das Weltall erst knapp eine Milliarde Jahre alt war. Neben den erkennbaren Formen von spiralförmigen und elliptischen Galaxien zeigen diese Bilder tausende lichtschwacher „Babygalaxien" aus einer Epoche, als sie in beträchtlichen Mengen Sterne zu produzieren begannen.

Hier zeichnen strahlende junge Sterne und leuchtendes Wasserstoffgas die eleganten konturbildenden Spiralarme der Whirlpool-Galaxie nach. Auch feine Staubspuren sind gut erkennbar und eröffnen neue Einblicke in die Entstehung von Spiralgalaxien.

Beim Blick durch einen Zeitkorridor von über 10 Milliarden Lichtjahren erkennt man verschwommene, schwache bläuliche Lichtpunkte. Es sind die Protogalaxien, aus denen jene Galaxien entstanden, die wir rings um uns sehen. Zahlreiche verzerrte Zwerg-Urgalaxien, die anscheinend miteinander verschmelzen und entsprechend einem „Von-unten-nach-oben"-Hierarchieschema wachsen, bestehen aus ungefähr einer Milliarde sehr junger und heißer blauer Sterne. Sie messen jeweils nur knapp 2000 Lichtjahre im Durchmesser – winzig im Vergleich zur 100000 Lichtjahre großen Scheibe unserer Milchstraße. Während in der Frühgeschichte des Universums (vor bis zu 10 Milliarden Jahren) tausende dieser sternbildenden Galaxien zu sehen sind, fehlen sie in der heutigen Epoche praktisch vollständig. Man nimmt an, dass diese Protogalaxien als Bausteine der heute sichtbaren Galaxien dienten. Fein aufgelöste Hubble-Aufnahmen haben die Theorie untermauert, wonach große Galaxien durch das Zusammentreffen solch kleiner Fragmente und nicht als Resultat kollabierender gigantischer Gaswolken entstanden. Aus wiederholten Kollisionen und Verschmelzungen dieser Bruchstücke gingen schließlich die regelmäßigen elliptischen und spiraligen Galaxien hervor, die wir heute in relativ geringem Abstand von uns sehen. Diesem Szenario zufolge darf man erwarten, dass unsere Milchstraße noch immer Elemente dieses „Bottom-up"-Aufbaus enthält. Sie könnten in den Kugelsternhaufen zu finden sein – dichten Ansammlungen von sehr alten Sterne im ausgedehnten Halo unserer Galaxis – oder im zentralen „Bauch", der über die Hälfte der Materie unserer Galaxie enthält.

Die Entwicklung von Galaxien ist ein komplexes Thema, das einige der größten Probleme der modernen Astronomie umfasst. Fundamental ist etwa die Frage, welche Ereignisse im jungen Universum dazu führten, dass sich Wasserstoff und Helium zu Wolken ballten, aus denen Galaxien entstehen.

Hilfe vom Naturteleskop

Die Fragmente, die sich zu gewaltigen Galaxien vereinigen, sind klein und unvorstellbar weit entfernt, was ihre Beobachtung selbst mit den stärksten erdgebundenen oder im All stationierten

Eine HST-Aufnahme der klassischen Spiralgalaxie NGC4603. 108 Millionen Lichtjahre entfernt, ist sie die fernste Galaxie, aus der man spezielle Sterne, so genannte „Cepheiden-Veränderliche", einzeln herauspicken konnte. Solche pulsierenden Sterne sind ein wichtiges Hilfsmittel zur Bestimmung kosmischer Distanzen. (Der helle Stern nahe der Bildmitte ist ein Vordergrundobjekt unserer Galaxis ohne Verbindung zu NGC4603.)

Vorherige Doppelseite: Dieser tiefste Blick ins Universum, der je im sichtbaren Licht gelang, wird unser Wissen über die Entstehung von Galaxien im frühen Universum erweitern. Die HST-Aufnahme des so genannten Ultra Deep Field zeigt Galaxien, die vor 13 Milliarden Jahren entstanden, als das Weltall kaum fünf Prozent seines heutigen Alters hatte. Nach rund 11,5 Tagen Belichtungsdauer zeigt unser Bildausschnitt fast 10 000 Galaxien.

Teleskopen extrem erschwert. Zum Glück kommt den Astronomen jedoch der „Gravitationslinseneffekt" zu Hilfe, der eine sehr starke natürliche Teleskopwirkung bewirkt.

Das Phänomen der Gravitationslinse ist eine bemerkenswerte Komponente in Einsteins Allgemeiner Relativitätstheorie. Ihr Effekt besteht darin, dass die Gegenwart eines massereichen Körpers den Raum krümmt oder verzerrt und das Licht ablenkt. Im Weltraum können Galaxien oder Galaxienhaufen Licht auf diese Weise ablenken, und unter den richtigen Bedingungen kann man im Hintergrund einer viel näher gelegenen lichtablenkenden Galaxie Mehrfachbilder von einer einzelnen fernen Lichtquelle erhalten.

Ein Beispiel einer Gravitationslinse ist der Galaxienhaufen Abell 2218 (siehe Kapitel 4) in fast 2 Milliarden Lichtjahren Entfernung. Er hat die Funktion einer lichtablenkenden Vordergrundlinse, die verdeckte Objekte dahinter hervortreten und mehr als 30-mal heller erscheinen lässt. Eines der auf diese Weise vergrößerten Objekte ist eine Ansammlung von einer Million Sternen in der bemerkenswerten Entfernung von 13 Milliarden Lichtjahren. Diese noch im Entstehen begriffene Wolke aus Wasserstoffgas und jungen Sternen gilt als ein Baustein für die Bildung von Galaxien. Durch den Gravitationslinseneffekt des Galaxienhaufens Abell 2218 wurde die Geburt von Urfragmenten entdeckt, die später zu Galaxien verschmolzen. Diese Fragmente dürften im frühen Universum vor mehr als 10 Milliarden Jahren zahlreich gewesen sein.

Die entfernteste bislang bekannte Galaxie wurde durch die vereinte Leistung eines 8-m-Teleskops in Chile und die durch den Gravitationslinseneffekt bewirkte Lichtverstärkung durch einen davor gelegenen Galaxienhaufen in 3 Milliarden Lichtjahren Ent-

Einen phänomenalen Ausbruch von Sterngeburten zeigt diese Aufnahme der 13 Millionen Lichtjahre entfernten Galaxie NGC4214. Spektakuläres Merkmal im Zentrum ist ein Haufen aus hunderten junger massereicher Sterne, deren jeder mindestens 10 000-mal heller leuchtet als die Sonne. Starburst-Galaxien wie NGC4214 geben Hinweise darauf, wie Populationen von Sternen erstmals in Galaxien „zünden".

fernung entdeckt. Diese Protogalaxie ist unfassbare 13,2 Milliarden Lichtjahre von der Erde entfernt. Das schwache, mit diesem Verfahren aufgespürte Licht verließ sie, als das Universum erst vier Prozent seines heutigen Alters hatte.

Lokale Analogien

Abgesehen von direkten Aufnahmen lichtschwacher Protogalaxien im frühen Universum kann man auch durch das Studium von Merkmalen lokaler oder relativ naher Galaxien etwas über die Galaxienbildung erfahren. Beobachtungen dieser Nachbargalaxien ermöglichen den Vergleich ihrer Formen und Eigenschaften mit denen ferner Pendants, und die Bestimmung gemeinsamer Merkmale ermöglicht eine leichtere Erkennung und ein besseres Verständnis der weit entfernten Protogalaxien.

Von besonderem Interesse sind alle vergleichsweise nahen Zwerggalaxien, deren Ausdehnung nur einen Bruchteil der Größe normaler Galaxien wie unserer Milchstraße beträgt. Zwei Kennzeichen dieser meist unregelmäßig geformten Objekte sind enorme Reserven an unverbrauchtem Gas und hohe Sternbildungsraten; ihre Entwicklung ist noch nicht sehr weit fortgeschritten, darin ähneln sie Protogalaxien. Dank dieses Umstands sowie ihrer Nähe lässt sich aus Bedingungen in den Zwerggalaxien auf diejenigen in jungen Galaxien im frühen Universum schließen, und die Astronomen suchen daher ihre Sternentstehungsgeschichte zu verstehen. Ein Beispiel hierfür ist NGC1705, eine unregelmäßige Zwerggalaxie in rund 17 Millionen Lichtjahren Entfernung. Mit dem HST lassen sich sogar einzelne Sterne herauspicken, von denen tausende ihre Zentralregion erhellen. Man vermutet, dass NGC1705 vor etwa 30 Millionen Jahren einen sehr starken Anstieg ihrer Sternproduktionsrate erlebte – in Anbetracht ihres geschätzten Alters von 13 Milliarden Jahren also erst kürzlich. Die nachfolgende Evolution ihrer Sternpopulation wird die chemische Zusammensetzung und physikalische Gestalt von NGC1505 bestimmen.

Eine der besten Analogien zu Galaxien in der Entstehungsphase sind spezielle Galaxien namens „Starburst". Ihr wichtigstes Kennzeichen ist, dass sie eine Periode intensiver Sternbildungsaktivität durchleben, in der sie mehr als hundert sonnenähnliche Sterne pro Jahr „ausspucken" können und eine entsprechend hohe Rate an Supernova-Explosionen aufweisen. Diese Aktivität, die normalerweise durch Kollisionen oder Fusionen mit einer anderen Galaxie ausgelöst wird, ähnlich den Begegnungen, die man zwischen schwachen blauen Protogalaxien im jungen Universum postuliert, macht Starbursts dutzende bis hunderte Male produktiver als normale Galaxien. Die enorme freigesetzte stellare Energie kann ihre Struktur dramatisch verändern. Starbursts gehören mit zu den leuchtkräftigsten Galaxien, da die meisten ihrer neugebildeten Sterne masse- und energiereich sind.

Starbursts und andere lokale Galaxien liefern Anhaltspunkte dafür, wie die allerersten Sterne das Universum erhellten. Wahrscheinlich brachte das Weltall einen beträchtlichen Teil seiner Sterne nur wenige 100 Millionen Jahre nach dem Urknall in einem heftigen Feuersturm der Geburten hervor. Zwar entstehen auch jetzt noch Sterne in Galaxien, doch dürfte die heutige Geburtenrate gegen das gewaltige Feuerwerk des jungen Universums unbedeutend erscheinen.

30 Millionen Lichtjahre entfernt, ist uns die schöne Spiralgalaxie NGC1512 noch relativ nahe. Ihren hellen Kern säumt ein bemerkenswerter Ring, in dem durch hochenergetische Prozesse neue Sterne entstehen. Untersuchungen von NGC1512 helfen den Astronomen, Starbursts in viel weiter entfernten, sehr jungen Galaxien zu verstehen.

Nachbeben des Urknalls

Das Streben nach der Erkenntnis, wie Sterne und Galaxien entstanden sind, führt uns zur letzten großen Herausforderung: der Aufklärung von Ursprung und Frühphase des Weltalls selbst. Zu diesem Thema stellt die Wissenschaft der Kosmologie einige tiefgründige Fragen: Hatte das Universum irgendwann in der Vergangenheit einen Anfang? Wie alt ist es? Welche Struktur, welche Form hat es? Wie wird es sich künftig weiter verändern? Beispiellos detaillierte Untersuchungen des ältesten Lichts im Universum gewähren neue Einblicke in einige grundlegende Fragen der Kosmologie.

Ein Leuchten aus der Urzeit

Die gegenwärtig weithin akzeptierte Vorstellung vom Ursprung des Weltalls ist das „Big-Bang"-Modell. Dieses kosmologische Bild postuliert, das Universum habe sich ursprünglich aus einem unvorstellbar heißen und dichten Zentrum entwickelt und dehne sich bis heute aus. Infolge dieser anhaltenden Expansion sei das Weltall inzwischen viel kälter und weniger dicht. Die Hypothese der Urknall-Kosmologie wird durch Edwin Hubbles Entdeckung aus den 1920er-Jahren unterstützt, dass alle Galaxien sich rasend schnell voneinander entfernen, und durch die Tatsache, dass die in der Theorie vorausgesagten ursprünglichen Häufigkeiten leichter Elemente wie Wasserstoff und Helium sich tatsächlich als richtig erwiesen.

Demnach war das Universum unmittelbar nach seiner Entstehung extrem heiß und superdicht mit subatomaren Partikeln gepackt. Zu einer Zeit, als es nur ein Hundertmillionstel seiner heutigen Größe maß, dürfte seine Temperatur über 270 Millionen °C betragen haben. Die Strahlung bzw. das Licht aus jener Zeit wurde unablässig von Partikeln wie Elektronen gestreut und konnte sich nicht frei ausbreiten oder entweichen, als wäre es in dichtem Nebel gefangen. Rund 380 000 Jahre nach dem Urknall hatte sich das Universum jedoch so weit ausgedehnt und abgekühlt, dass Elektronen in Wasserstoffatomen gebunden wurden. Da nun keine riesigen Mengen freier Elektronen mehr das Licht fortwährend streuten, war der Weg für Lichtphotonen frei, die sich nun freier und direkter bewegen konnten: Der „Nebel" hatte sich gelichtet und das Weltall war nach dieser Epoche transparent.

Die damals freigesetzte Strahlung erfüllt das Universum bis heute: Man bezeichnet sie als „kosmische Hintergrundstrahlung". Dieses Nachleuchten des Urknalls – das älteste Licht, das existiert – ist sehr bedeutend, da es eine Art Fingerabdruck des jungen Universums trägt. Mit seiner fortschreitenden Ausdehnung kühlte sich das Weltall auf immer niedrigere Energieniveaus ab, und die ursprünglich im Gammawellenbereich freigesetzte Strahlung registrieren wir heute als Mikrowellenstrahlung. 1992 ermittelte der NASA-Satellit *Cosmic Microwave Background Explorer* (COBE) die Temperatur dieser Strahlung mit exakt -276 °C oder 2,73 Kelvin. Das heutige Universum ist vollständig von dieser kalten Strahlung durchdrungen.

Die NASA-Raumsonde *Wilkinson Microwave Anisotropy Probe* (WMAP) beim Verlassen des Erde/Mond-Systems. Von ihrem fernen Beobachtungsposten in 1,5 Millionen km Abstand hat diese Mission die kosmische Hintergrundstrahlung in beispielloser Präzison kartiert.

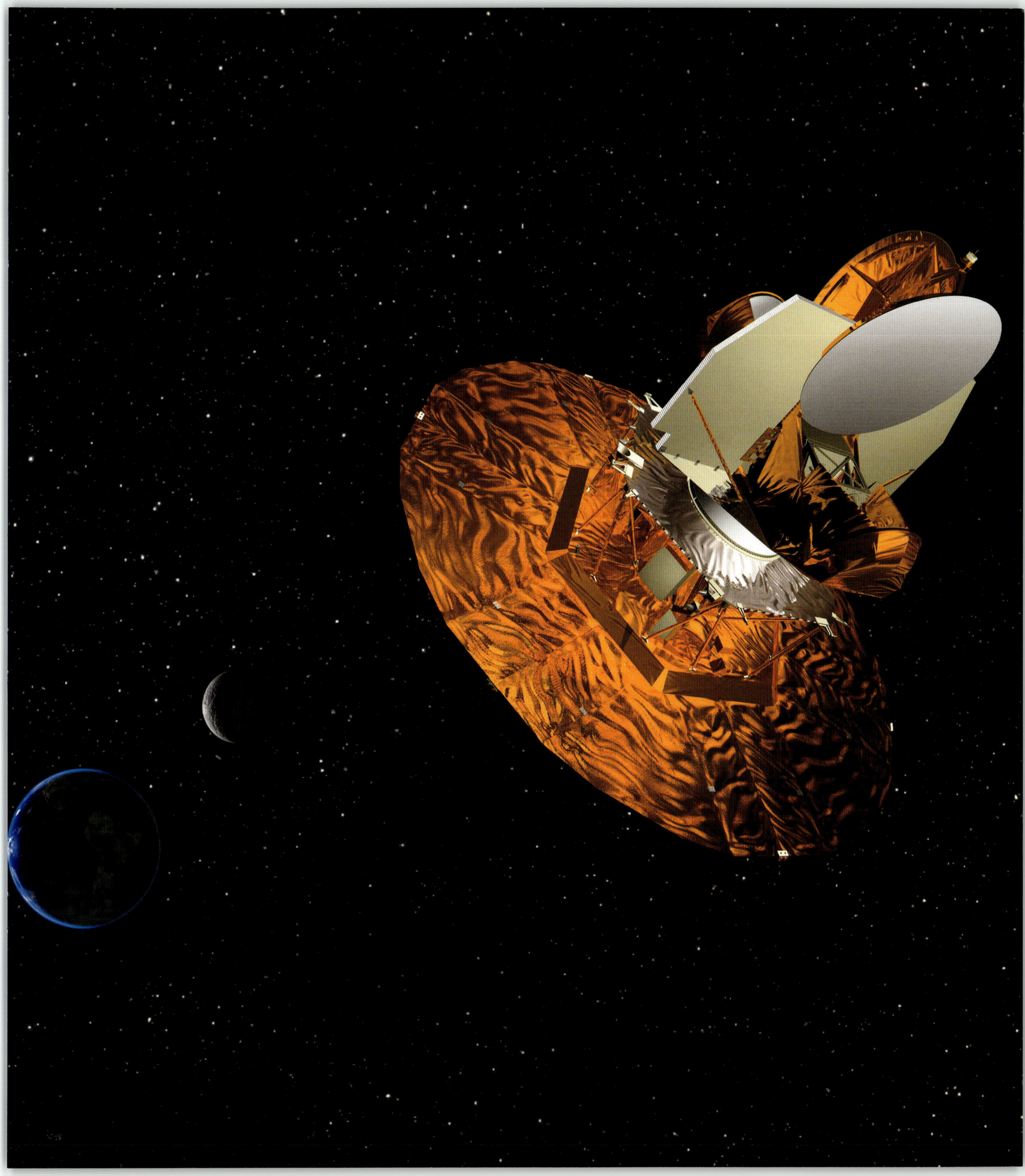

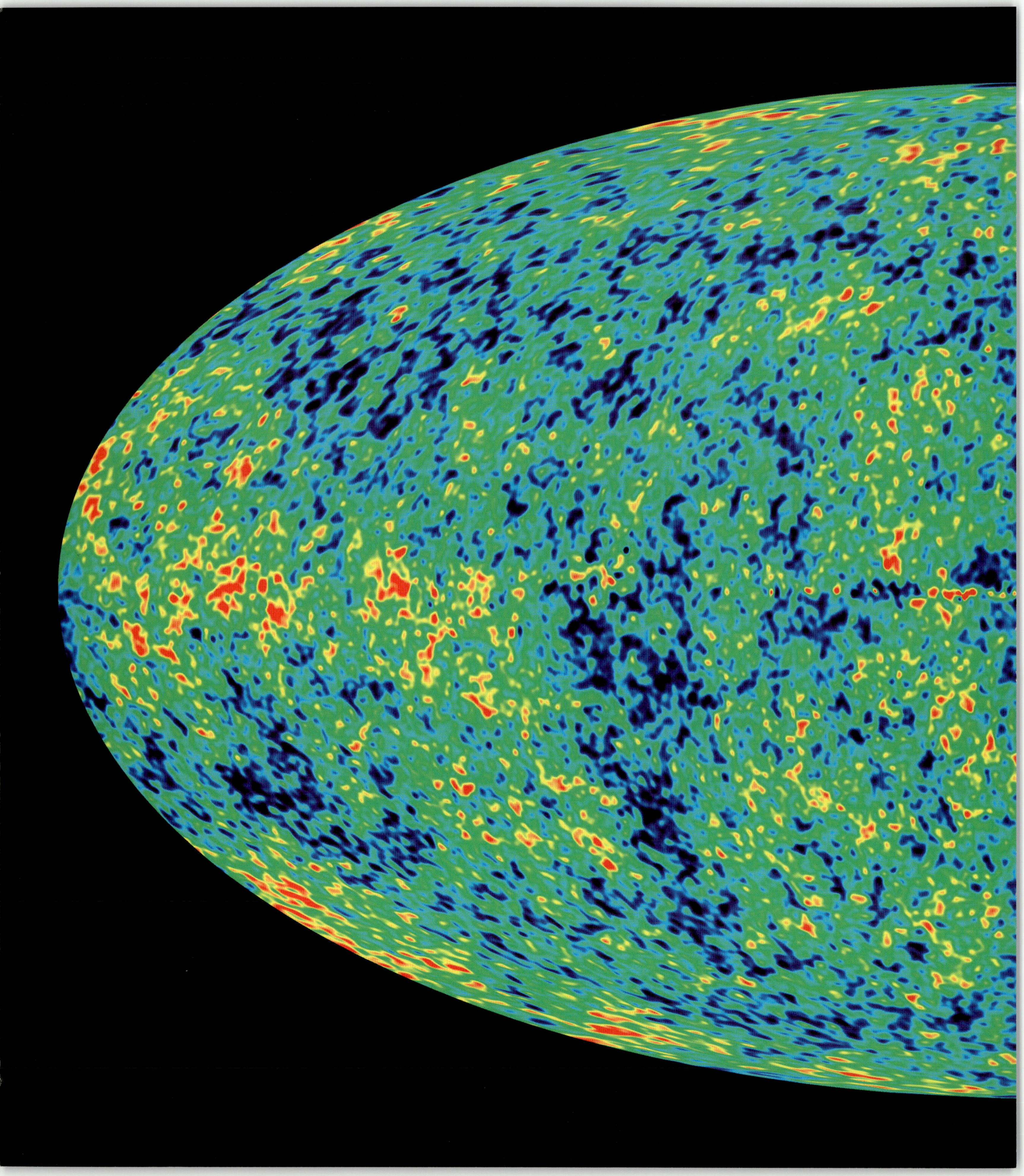

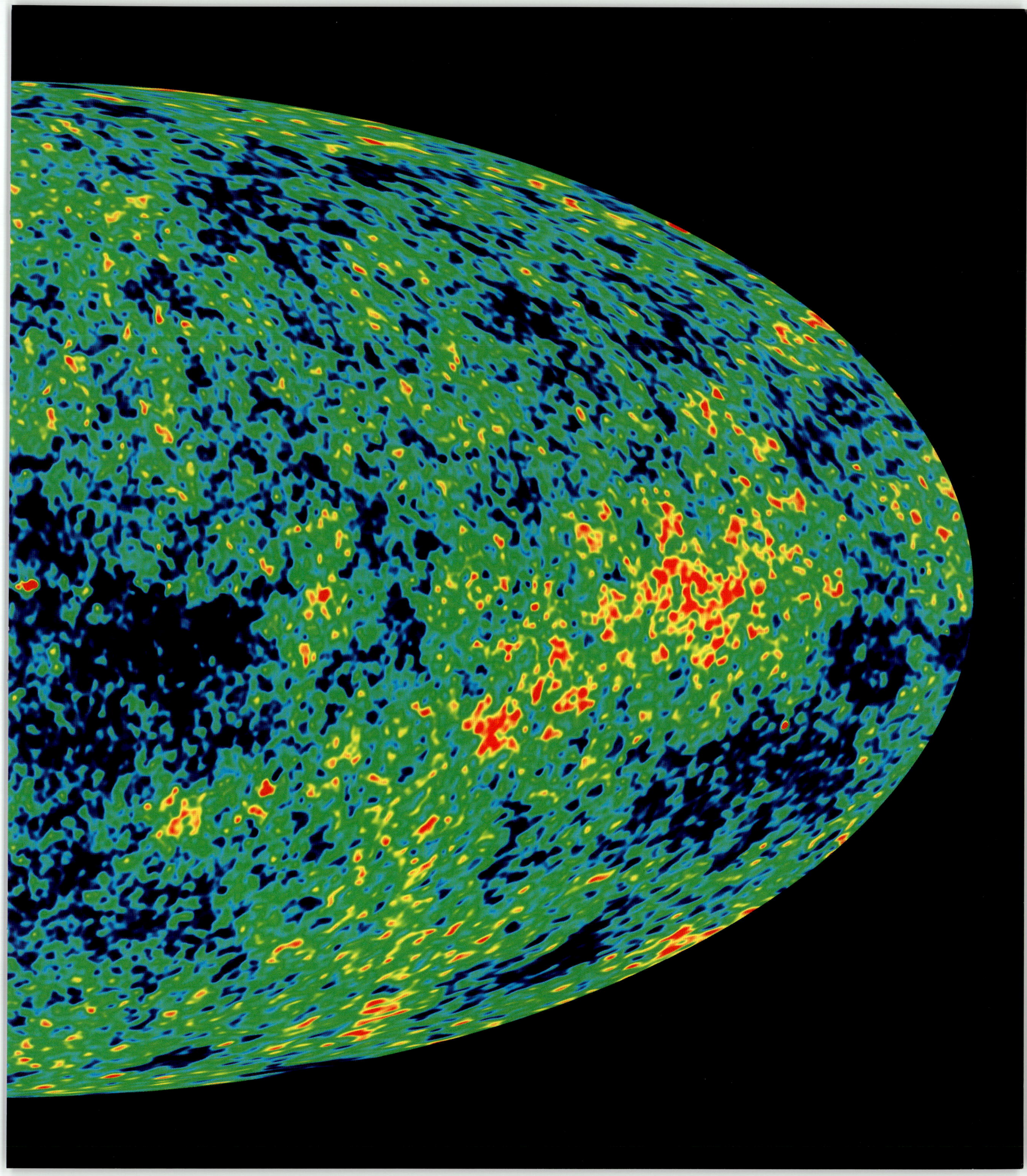

Vorherige Doppelseite: Die Mikrowellenkarte der WMAP ist eine hoch aufgelöste Komplettansicht des Himmels. Sie zeigt das nur 380 000 Jahre nach dem Urknall ausgesandte Urlicht. Die Farbunterschiede enthüllen winzige Temperaturdifferenzen, die ihrerseits ein Abbild der Bedingungen sind, die Sekundenbruchteile nach dem Urknall geherrscht haben. Die Muster auf dieser Karte entsprechen den „Keimen", aus denen die Galaxienhaufen hervorgingen, und sie enthalten wichtige Informationen über das Alter und die Geometrie des Universums.

Porträt eines jungen Universums

Die kosmische Hintergrundstrahlung ist ein wichtiges Relikt des neu entstandenen Universums. Man kann sie sich als einen Fingerabdruck vorstellen, der Informationen über die Zusammensetzung und Bedingungen des frühen Universums enthält. Zu seiner Entschlüsselung haben Astronomen die detailreichsten und höchst aufgelösten Fotos gemacht, die je von der kosmischen Hintergrundstrahlung aufgenommen wurden.

Am 30. Juni 2001 schickte die NASA ihren WMAP (*Wilkinson Microwave Anisotropy Probe*) Forschungsatelliten auf eine dreijährige Reise mit dem Ziel, den gesamten Himmel abzutasten und die Mikrowellenstrahlung präzise zu kartografieren. WMAP, der in rund 1,5 Millionen km Abstand die Erde umkreist, lieferte verblüffende Details von winzigen Differenzen in der Strahlungstemperatur. Diese extrem geringen Schwankungen waren zwar schon im Rahmen der COBE-Mission 1992 entdeckt worden, jedoch lieferte WMAP Daten mit erheblich feinerer Auflösung und höherer Empfindlichkeit und konnte Temperaturunterschiede im Bereich von nur einem Millionstel Grad auflösen. Die Verteilung dieser winzigen Temperaturschwankungen gibt Aufschluss über die Keime, welche die großen Strukturen des Universums erschufen, von einzelnen Galaxien bis hin zu viele Millionen Lichtjahre großen Superhaufen mit tausenden von Galaxien.

Die anhand der WMAP-Daten erstellte Mikrowellenkarte zeigt eine ovale Darstellung des gesamten Himmels, ähnlich der häufig in Atlanten verwendeten Projektion der Erdkugel. Sie enthält ein „versteinertes" Zeugnis der Auswirkungen von Materie und Energie auf den Raum, knapp 380 000 Jahre nach dem Urknall, lange bevor es Sterne und Galaxien gab. Was können wir von diesen Karten über das Universum erfahren? Theorien zur Menge und Art der im Weltraum befindlichen Masse und Energie treffen spezifische Vorhersagen über die Größe der Temperaturschwankungen in der Hintergrundstrahlung sowie deren Ausmaß am Himmel. Die durch die WMAP-Mission erhaltenen „Fingerabdrücke" lassen sich mit den Prognosen verschiedener Theorien vergleichen, um zu prüfen, welche am plausibelsten ist.

Zwar werden diese neuen Daten in den kommenden Jahren noch weiter ausgewertet; dennoch gibt es bereits Resultate. Erstens konnte das heutige Alter des Universums präziser auf 13,7 Milliarden anstelle der zuvor geschätzten 12 bis 14 Milliarden Jahre datiert werden. Ein Teil des Lichts im Strahlungsmuster der kosmischen Hintergrundstrahlung ist polarisiert, was bedeutet, dass es nur in einer bestimmten Ebene schwingen kann, nicht in alle Richtungen wie normales Licht. Dies ist ein Kennzeichen für Sternenlicht, und sein Vorkommen in den WMAP-Daten ist eine Signatur der von den ersten Sternen im Universum freigesetzten Energie. Offenbar leuchtete die erste Sternengeneration im Universum nur 200 Millionen Jahre nach dem Urknall auf, viel früher als bislang angenommen.

Die WMAP-Daten lassen zudem vermuten, dass wir tatsächlich aus sehr seltenem Stoff bestehen, und zwar aus Materie in Form von Atomen, die nur vier Prozent des Universums einschließlich aller Milliarden von Sternen und Galaxien ausmacht. Das übrige Weltall liegt in eher exotischen Formen vor, nämlich der rätselhaften „Dunklen Materie" und der nicht minder geheimnisvollen „Dunklen Energie", auf die wir noch zu sprechen kommen. Diese dunkle Komponente aus Materie und Energie strahlt nicht und kann nicht direkt durch Teleskope beobachtet werden, obgleich sie sehr wohl einen Gravitationseinfluss ausübt. Es scheint, dass 23 Prozent des Universums aus Dunkler Materie bestehen, die verschiedene exotische Formen annehmen könnte wie zum

Beispiel die „Wimps" und „Axions" genannten subatomaren Partikel. Noch mysteriöser sind freilich die restlichen 73 Prozent des Weltalls. Sie bestehen, wie man inzwischen annimmt, aus Dunkler Energie. In welcher Form sie vorliegt, weiß niemand genau. Eine Möglichkeit wäre, dass sie wie eine Art „Anti-Schwerkraft" agiert, dadurch würden sich Objekte – anders als bei der Schwerkraft – gegenseitig abstoßen und somit die Ausdehnung des Universums beschleunigen. Während die Gravitation Planeten, Sterne und Galaxien zusammenhält, zerrt die Dunkle Energie am Gefüge aus Zeit und Raum. Diese rätselhafte abstoßende Kraft würde die Galaxien immer schneller auseinander treiben. Eine physikalische Grundlage für die Dunkle Energie muss noch erarbeitet werden. Sie fügt sich nicht recht in die heutigen Modelle der Physik, und noch wissen wir nicht, was sie verursacht. Sie könnte in den allerersten Momenten des Universums entstanden sein, zu einer Zeit, als die anderen Naturkräfte wie Gravitation und Nuklearkräfte erschienen.

Die Gestalt des Universums

Die Tatsache, dass 96 Prozent des Weltalls in Form von Dunkler Energie und Dunkler Materie vorliegen, hat direkte Auswirkungen auf seine Form – und sein Schicksal. Die im Raum verteilte Menge an Materie und Energie verleiht dem Universum seine Gesamtgestalt, in der Kosmologie „Krümmung" genannt. Überschreitet die Dichte aller Materie- und Energieformen im Kosmos einen kritischen Wert, dann hat der Raum eine positive Krümmung und man spricht von einem „geschlossenen" Universum. Ein Gedankenspiel: Lässt man zwei starke Laser in einem geschlossenen Universum in den Raum leuchten, so werden ihre ursprünglich parallelen Strahlen irgendwann (nach Milliarden Lichtjahren) konvergieren, sich überkreuzen und zu ihrem Ausgangspunkt zurückkehren. Umgekehrt ist, wenn die durchschnittliche Materiedichte unterhalb der kritischen Marke liegt, die Krümmung negativ und das Universum „offen". Die Strahlen der imaginären Laser würden sich auf ihrem Weg durch das All immer weiter voneinander entfernen. Schließlich haben wir, wenn die mittlere Dichte des Universums genau der kritischen Dichte entspricht, ein flaches Universum ohne jede Krümmung. Hier würde das Licht unserer Laserstrahlen selbst nach einer Reise über Milliarden von Lichtjahren perfekt parallel verlaufen. Durch Setzung sehr enger Grenzwerte für die Winkelgröße der minimal wärmeren und kälteren Bereiche der kosmischen Hintergrundstrahlung haben die WMAP-Beobachtungen ergeben, dass das Universum tatsächlich flach und ohne jede Krümmung ist. Hieraus folgt als wichtigste Konsequenz, dass sich das Weltall bis in alle Ewigkeit weiter ausdehnen wird und die Galaxien immer schneller voneinander fliehen. Trotzdem bleiben viele Unsicherheiten bestehen, wobei eine große Warnung in diesem Zukunftsbild vom Universum die fehlende Kenntnis über die Natur der Dunklen Energie ist. Sollte sie sich mit der Zeit aus irgendeinem Grund merklich verändern, könnte eine dramatische Auswirkung auf die kosmische Evolution die Folge sein.

Die WMAP-Mission hat gezeigt, dass hoch aufgelöste Bilder der kosmischen Hintergrundstrahlung bemerkenswerte Einblicke in die Natur des Universums liefern. Diese Studien bergen zweifellos noch ein enormes Potenzial. Doch schon kündigen sich neue Hightech-Missionen an, etwa die ESA-Raumsonde *Planck*, deren Start für 2007 vorgesehen ist. Sie wird die Eigenschaften der kosmischen Mikrowellenstrahlung und somit des jungen und nahen Universums noch präziser ausloten.

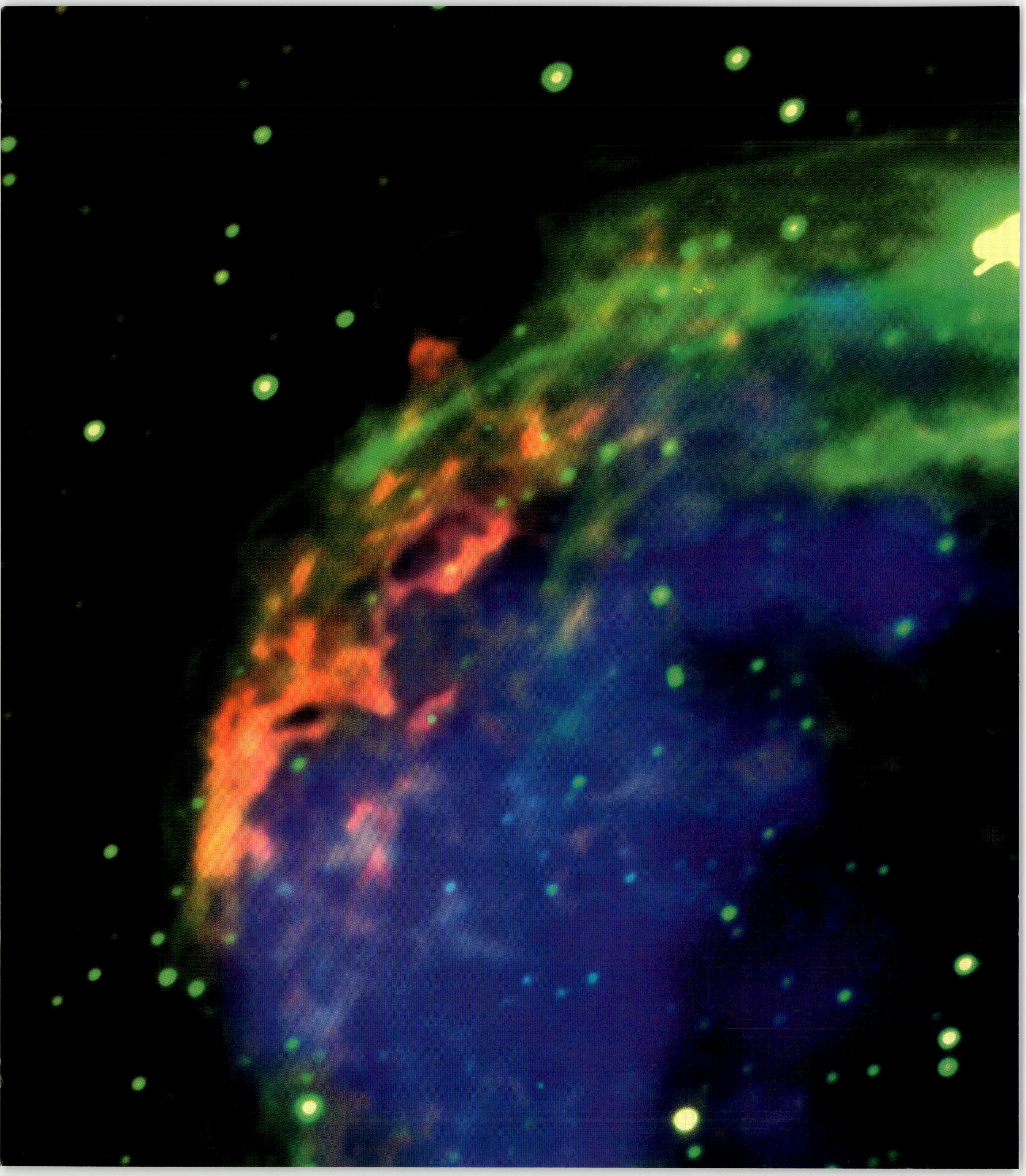

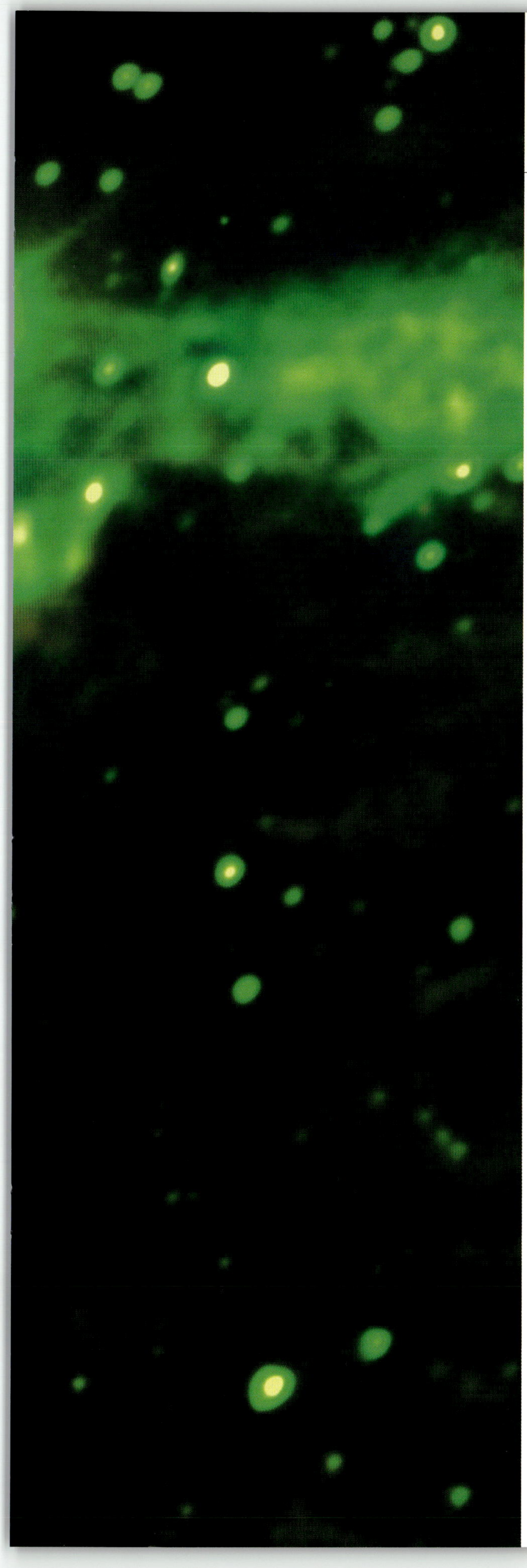

Rasend schnell einem fulminanten Ende entgegen: Starke Winde vom massereichen Stern HD192163 haben diese mächtige Gashülle geformt. Nach einem überaus produktiven Leben wird dieser helle Stern schon nach knapp einem Tausendstel des Alters unserer Sonne als Supernova explodieren.

Kosmisches Feuerwerk

Wer bei klarem Nachthimmel die Sterne betrachtet, könnte meinen, das Universum wäre ein stiller, friedlicher Ort. Das ist weit gehend illusorisch. Wir werden sehen, wie das Universum durch hoch energetische Prozesse unter Beteiligung immenser Materiemengen und Kräfte fortwährend geformt wird. An unserem Hausstern, der Sonne, beobachten Wissenschaftler fortlaufend starke Flares und gigantische Eruptionen, die in der Erdatmosphäre kräftige Störungen verursachen können. Auch der letzte Akt im Lebenszyklus der Sterne ist von spektakulären Explosionen und dem Abwurf mächtiger Hüllen aus heißem Gas begleitet, wodurch lebensspendender Sternenstaub im Weltraum verteilt wird. Mit Riesenteleskopen können wir außerdem detailreiche Schnappschüsse gewaltiger galaktischer Kollisionen einfangen, durch die in massiven Ausbrüchen die Geburt neuer Sterne eingeleitet wird. Eine Reise ins Zentrum unserer Milchstraße führt uns zu heftigen Explosionen, der Emission hoch energetischer Strahlung und zu einem Schwarzen Loch mit ungefähr der dreimillionenfachen Sonnenmasse. Solche supermassiven Schwarzen Löcher sind der Hauptmotor im rätselhaften Kern jener als „Quasare" bezeichneten aktiven Galaxien, die in den äußeren Regionen des Universums vorkommen. Unser Wissen über all diese energetischen Phänomene wächst durch neue Untersuchungen jener intensiven Energie, die in unsichtbaren Frequenzbereichen abgestrahlt wird. Besonders die Röntgenastronomie hat unsere Sicht des Alls mit Weltraumobservatorien wie dem NASA-Satelliten *Chandra* erweitert. Er liefert die schärfsten Bilder, die man je vom kosmischen Feuerwerk gesehen hat.

Diese Ansicht des „Bleistiftnebels" zeigt die filigranen Überreste eines massereichen Sterns, der vor rund 11000 Jahren bei einer Supernovaexplosion zerstört wurde. Die Stoßwelle der Explosion war so gewaltig, dass sich das Gas im Bleistiftnebel noch heute mit über 645000 km/h ausbreitet.

Die explosive Sonne

Von der Erde aus mag die Sonne als freundlicher, Wärme und Licht spendender Himmelskörper erscheinen. Sie ist jedoch ein dynamischer und stürmischer Ort, wo gewaltige Eruptionen und energiegeladene Abströmungen auftreten, die sich nachhaltig auf die Erde auswirken können. Aus unserem Abstand von 150 Millionen km ist die Sonne nach wie vor der einzige Stern, den wir bis ins Detail studieren können. Mit den neuesten Instrumenten lassen sich komplexe Schleifen und Blasen aus heißem Gas von nur wenigen 100 km Durchmesser entdecken und auflösen. Ein derart präzises Studium der Sonne und ihrer Aktivität bietet nicht nur eine entscheidende Grundlage für das allgemeine Verständnis der Natur der Sterne, sondern ermöglicht es auch, die Bedingungen (das so genannte „Weltraumwetter") im erdnahen Raum zu erfassen und letztlich vorauszusagen.

Wie jeder gewöhnliche Stern ist auch die Sonne ein riesiger thermonuklearer Reaktor. Die Energie, die sie zum Leuchten bringt, entsteht durch die Verschmelzung von Wasserstoffatomen zu Helium in ihrem tosenden Kern, dessen Größe etwa einem Fünftel des Sonnenradius entspricht. Dort wird Gas unter einem Druck von 200 Milliarden Atmosphären zusammengepresst, wodurch die Temperatur auf enorme 15 Millionen °C steigt. Die bei dieser Kernfusion freigesetzte Energie wird durch hoch energetische Photonen nach außen transportiert, die ständig mit dem Gas in den darüber gelegenen Schichten kollidieren. Allerdings erreichen diese Lichtteilchen die „Photosphäre" genannte äußere Schicht der Sonne erst nach hunderttausenden von Jahren. Sobald sie dort ankommen, entweichen sie als sichtbares (weißes) Licht. Die Photosphäre besitzt eine Temperatur von 5700 °C und bildet die eigentliche Oberflächenschicht der Sonne, die wir von der Erde aus sehen.

Aktivitätszyklen

Die energetische Aktivität der Sonne verläuft zyklisch und wird meist durch bestimmte vergängliche Phänomene angekündigt. Hierzu zählen Sonnenflecken, explosive Flares und gigantische Eruptionen, bei denen riesige Mengen ionisiertes Gas, so genanntes „Plasma", ins All geschleudert werden. Das Erscheinen solcher Phänomene wird durch einen „Sonnenzyklus" gesteuert, der eng mit den magnetischen Eigenschaften der Sonne zusammenhängt. Die durch ihre oberen Schichten wie die Photosphäre verlaufenden magnetischen Feldlinien können im Lauf mehrerer Jahre stark verdreht werden, da die einzelnen Zonen der Sonne unterschiedlich schnell rotieren. Diese Unterschiede der Rotationsgeschwindigkeit sind von entscheidender Bedeutung. Im Gegensatz zu einem festen Planeten wie der Erde ist die Sonne ein gigantischer Gasball, der am Äquator schneller rotiert als an seinen Polen. Dadurch werden die magnetischen Feldlinien am Äquator gehörig verwirbelt – und je chaotischer ihr Verlauf, desto aktiver wird die Sonne. Ein vollständiger Sonnenzyklus dauert elf Jahre, in denen sich das solare Magnetmuster von einer einfa-

Eine Aufnahme der SOHO-Raumsonde von der aktiven Sonne zeigt breite Bögen aus dichtem, elektrisch geladenem Gas. Diese dynamischen Protuberanzen werden von starken Magnetfeldern in der dünnen Korona der Sonne gehalten.

chen, unverdrehten (wenn die Sonne nicht besonders aktiv ist) zu einer extrem verzerrten Anordnung (begleitet von maximaler Sonnenaktivität) verschiebt und wieder zum Ruhezustand zurückkehrt. Der letzte Aktivitätshöhepunkt fand zwischen Ende 2000 und 2001 statt und schwächt sich momentan zu einem Minimum um 2007 herum ab.

Während der letzten Jahre haben Satelliten und Teleskope bemerkenswerte neue Bilder von stürmischen Ereignissen auf der Sonne geliefert. Ein schönes Beispiel ist das Solar and Heliospheric Observatory (SOHO), ein Gemeinschaftsprojekt der Europäischen Raumfahrtorganisation (ESA) und der NASA. In rund 1,5 Millionen km Abstand, das entspricht etwa der vierfachen Entfernung zwischen Erde und Mond, hält der am 2. Dezember 1995 gestartete Satellit eine stationäre Position zur Sonnenbeobachtung. SOHO überwacht die Sonne und liefert neue Erkenntnisse über ihre äußeren Schichten und den durch das Sonnensystem wehenden Plasmastrom des Sonnenwinds.

Sonnenflecken und Flares

Erstes Anzeichen für stürmische Sonnenaktivität ist typischerweise das Erscheinen dunkler Flecken auf der Sonnenoberfläche, der Photosphäre. Diese „Sonnenflecken" sind Areale von der Größe der Erde, die infolge der Rotation des Sterns im Laufe von Tagen oder Wochen um die Sonne wandern. Ihr dunkles Aussehen rührt daher, dass sie rund 3000 °C kälter sind als die umliegenden Schichten der Photosphäre. Im Wesentlichen handelt es sich dabei um Bereiche mit intensiven Magnetfeldern, die den Großteil der Energie lokal binden und ihre Temperatur senken. Sonnenflecken treten meist in Gruppen auf, die sich über Wochen oder gar Monate halten können. Bemerkenswerte Nahaufnahmen hiervon sind mit dem Schwedischen Vakuum-Solarteleskop auf der Kanareninsel La Palma gelungen. Seine hoch aufgelösten Bilder zeigen deutlich die Aktivität der Magnetfelder sowie einzelne Details der Flecken wie etwa dunkle Poren und komplexe fadenartige Strukturen.

Große, auffällige Sonnenfleckengruppen sind häufig von Strahlungsausbrüchen (Flares) begleitet, den explosivsten Phä-

Fontänen aus unvorstellbar heißem ionisiertem Gas schießen auf dieser Aufnahme der TRACE-Raumsonde aus der Sonnenoberfläche empor. Die Gasbögen ragen bis zu 480 000 km hoch in die Sonnenkorona und überspannen an ihrer Basis den 30-fachen Erddurchmesser.

nomenen in Verbindung mit der Sonne. Sie erscheinen als helle Flecken und treten auf, wenn sich die in der Nähe eines Sonnenflecks aufgestaute magnetische Energie binnen weniger Minuten auf mehrere Millionen °C erhitzt. Die in einem einzigen Flare freigesetzte Energie entspricht einer Milliarde Tonnen TNT und bricht in vielerlei Formen aus, unter anderem als Röntgen- und Gammastrahlung, als energiereiche Teilchen wie Elektronen und Protonen und als Gasfontänen. Sonnenflares werden anhand ihrer Helligkeit im Röntgenspektrum klassifiziert. Die größten und stärksten bilden die X-Klasse, jene mit einer 10-mal schwächeren Emission die M-Klasse, die schwächsten die C-Klasse. Während einer aktiven Sonnenperiode können mehrere X-Flares im Jahr auftreten.

Am 28. Oktober 2003 explodierte auf der Sonne der stärkste X-Flare der letzten 50 Jahre. Obwohl das irdische Magnetfeld als Schutzschild gegen die schlimmsten Folgen der Strahlung und des energiereichen Sonnenwinds wirkt, traf die Erde keine 24 Stunden später, durch eindrucksvolle, zartbunte Polarlichtschleier am Nachthimmel angekündigt, der resultierende geomagnetische Sturm. Er verursachte quer durch die Vereinigten Staaten und Kanada Spannungsspitzen im Stromnetz und störte den Betrieb von Kommunikationssatelliten für Mobiltelefone. Die sehr hohen Strahlungswerte stellten auch eine Gefahr für die auf der Internationalen Raumstation (ISS) arbeitenden Astronauten dar.

Enorme Gasblasen

Die größten Flares auf der Sonne sind gewöhnlich Auslöser gewaltiger Eruptionen, bei denen Materie weit ins Sonnensystem hinauskatapultiert wird. Diese so genannten „Koronalen Massenauswürfe" (CMEs) sind riesige, blasenförmige Ausbrüche von superheißem Gas. Durch Dokumentation ihrer Ausdehnung und Ablösung von der Sonne liefern Missionen wie SOHO bemerkenswerte neue Erkenntnisse über sie und die explosive Natur des Sterns. Bei jeder Eruption werden fast 100 Millionen Tonnen ultraheißen Sonnenplasmas fortgeschleudert, das sich mit 1,6 Millionen km/h rasend schnell von der Sonne entfernt. Da sie sich mitunter übersonnengroß aufblähen, kann uns die in diesen gigantischen Blasen aus ionisiertem Gas gebundene Energie gefährlich

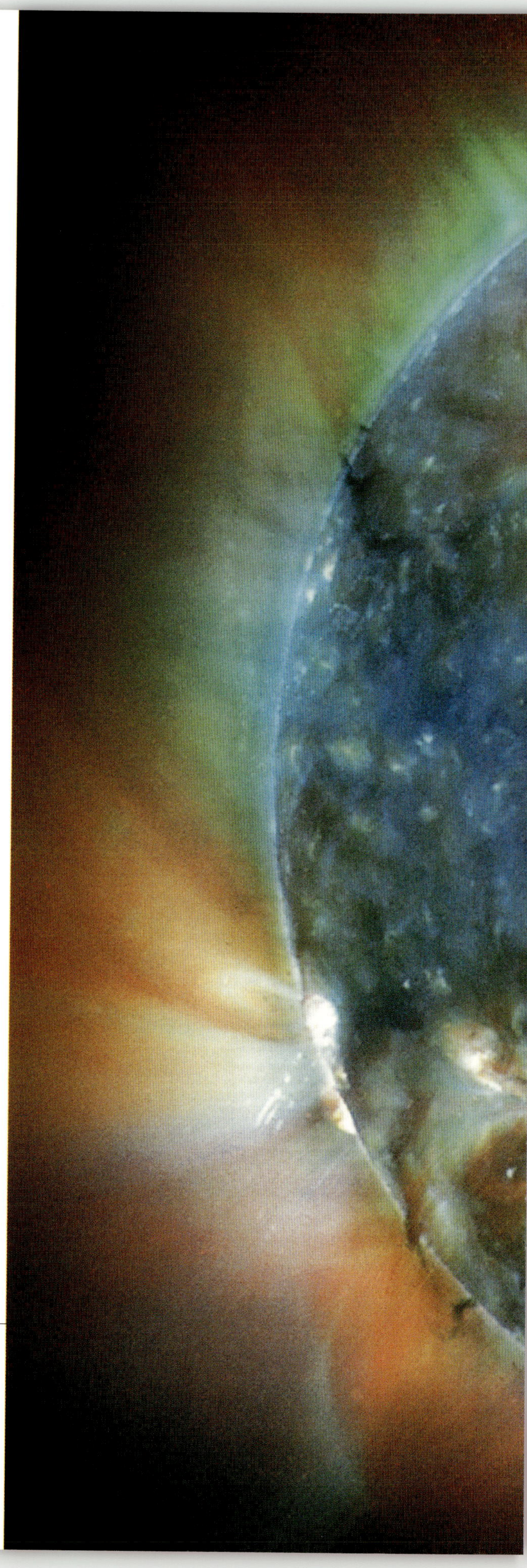

Grelle Sonnenflares zeigt diese von der SOHO-Raumsonde im ultravioletten Bereich gemachte Aufnahme. Bei diesen explosiven Blitzen werden enorme Mengen magnetischer Energie umgewandelt, und Sonnenmaterie wird mit mehreren Millionen km/h ins All geschleudert.

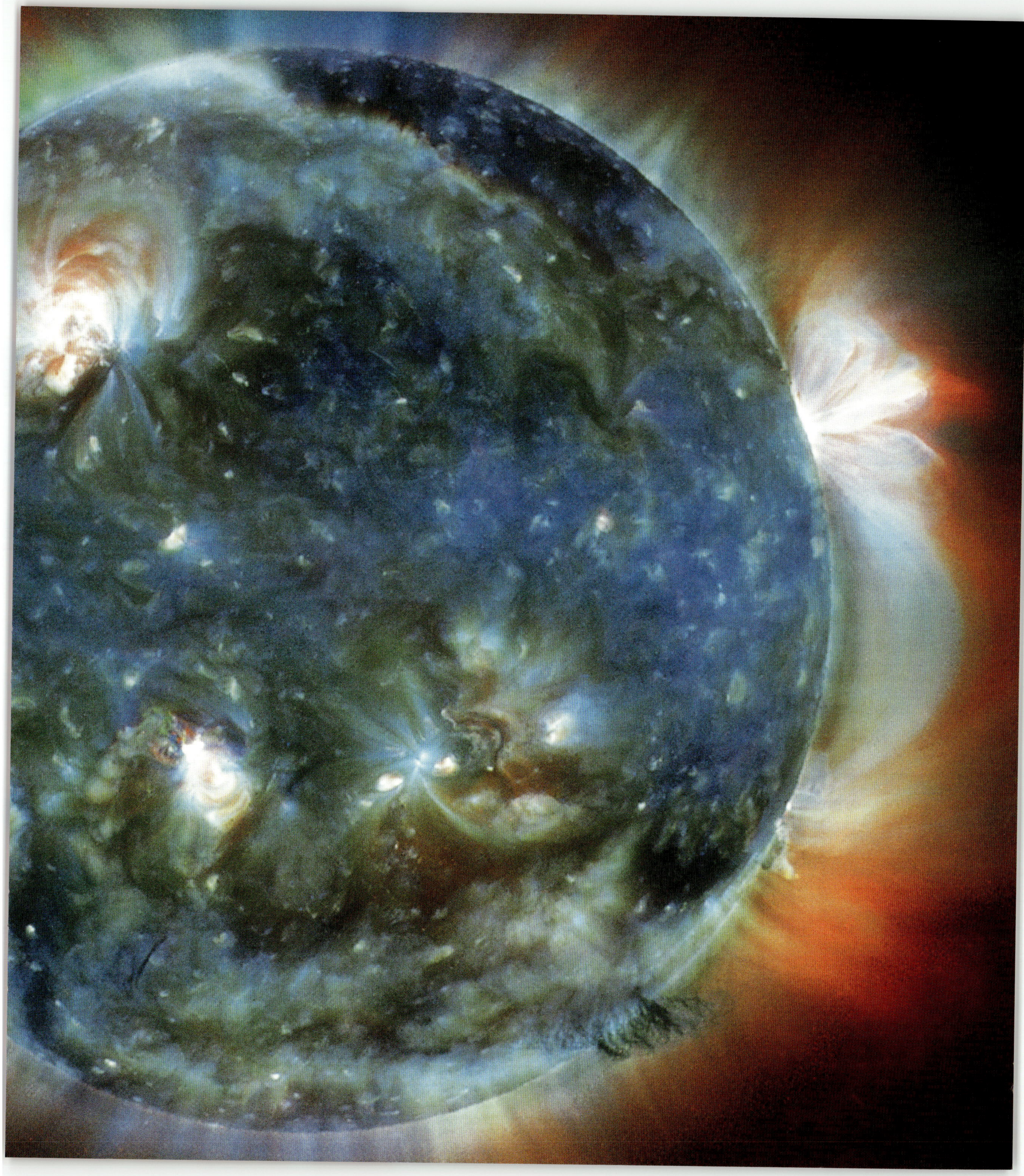

werden, falls ihr Weg die Erdumlaufbahn kreuzt. Eine am 6. Januar 1997 von der Sonne ausgestoßene CME traf die Erde vier Tage später und beschädigte dauerhaft einen neuen Kommunikationssatelliten. Durch die intensive Strahlung und den Sonnenwind verschmorten empfindliche elektrische Schaltkreise und der komplette Satellit fiel aus, wodurch in weiten Teilen Nordamerikas der Fernsehempfang zusammenbrach. CMEs treten am häufigsten nahe dem Höhepunkt des 11-jährigen solaren Aktivitätszyklus auf und können riesige Mengen schädlicher Elektrizität in die Erdatmosphäre abgeben.

Da wir von Kommunikationssatelliten und elektrischer Versorgung extrem abhängig sind, überwachen Wissenschaftler inzwischen mit Hilfe von Teleskopen auf Satelliten wie SOHO ständig die Bedingungen auf der Sonne und können frühzeitig warnen, wenn eine CME oder Materie von einem mächtigen Flare zu uns unterwegs ist. Dank solcher Warnungen könnten Satelliten durch rechtzeitiges Abschalten sensibler Bauteile und Computer geschützt werden. Überwachung des Weltraumwetters ist außerdem für die Sicherheit von Astronauten und in großer Höhe fliegender Piloten sehr wichtig.

Ströme und Wellen auf der Sonnenoberfläche

Eine wachsende Datenflut informiert uns über die wechselvollen dynamischen Bedingungen in den oberen Sonnenschichten (der Photosphäre), was wiederum zu einem besseren Verständnis der Strukturen und Eigenschaften jener inneren Regionen beiträgt, die nie direkt zu sehen sind. Die Oberfläche der Sonne ist eine brodelnde Masse aus 6000 °C heißem Plasma, das ständig in Bewegung ist – hauptsächlich aufgrund der Eigenrotation der Sonne, durch die sich die Äquatorialregion mit einer Geschwindigkeit von 2000 m/sec bewegt. Ihr gesprenkeltes oder körniges Aussehen rührt von heißen, aus dem Inneren aufsteigenden Gasblasen her. Diese „Konvektionsströmungen" finden hauptsächlich auf zwei Größenskalen statt: Es gibt größere Zellen aus brodelndem Mate-

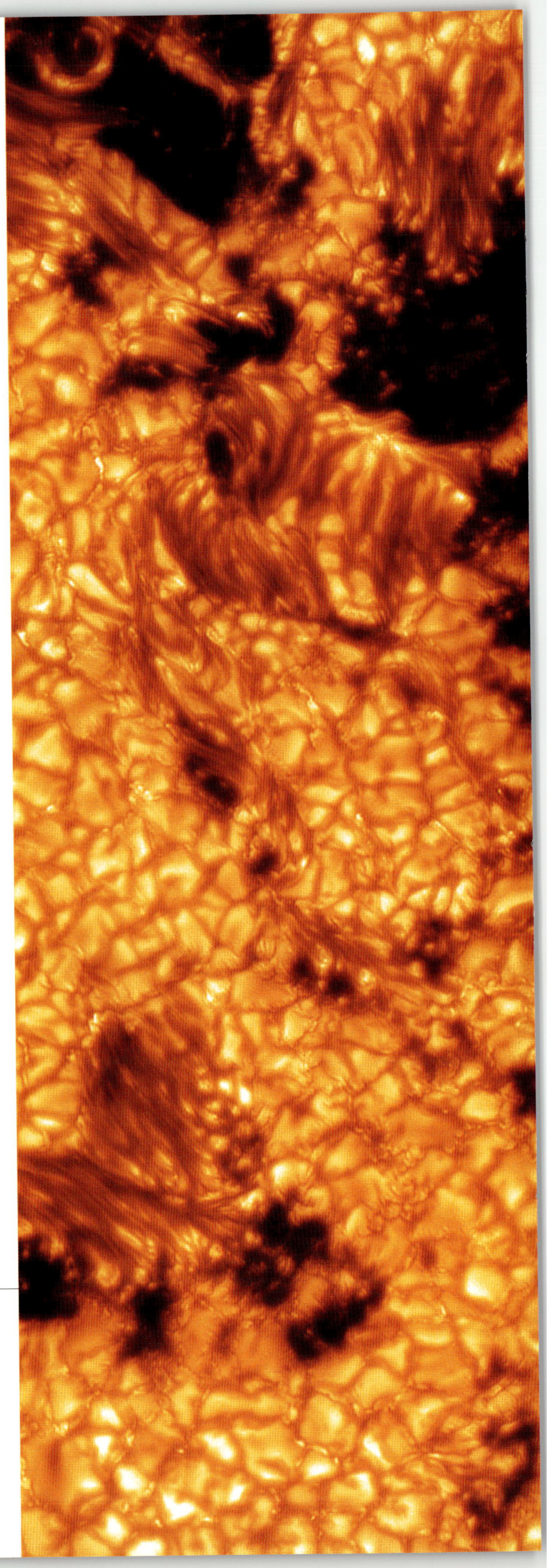

Mit dem Schwedischen Solarteleskop gelang im Juli 2002 die bislang detailreichste Sonnenaufnahme: Die dunkelsten Bereiche in der Mitte sind, von verwirbelten, fadenartigen Strukturen gesäumt, die Umbren planetengroßer Sonnenflecken. Dank beispielloser Auflösung sind Einzelheiten bis 100 km Größe erkennbar und zeugen vom Chaos in den oberen Sonnenschichten.

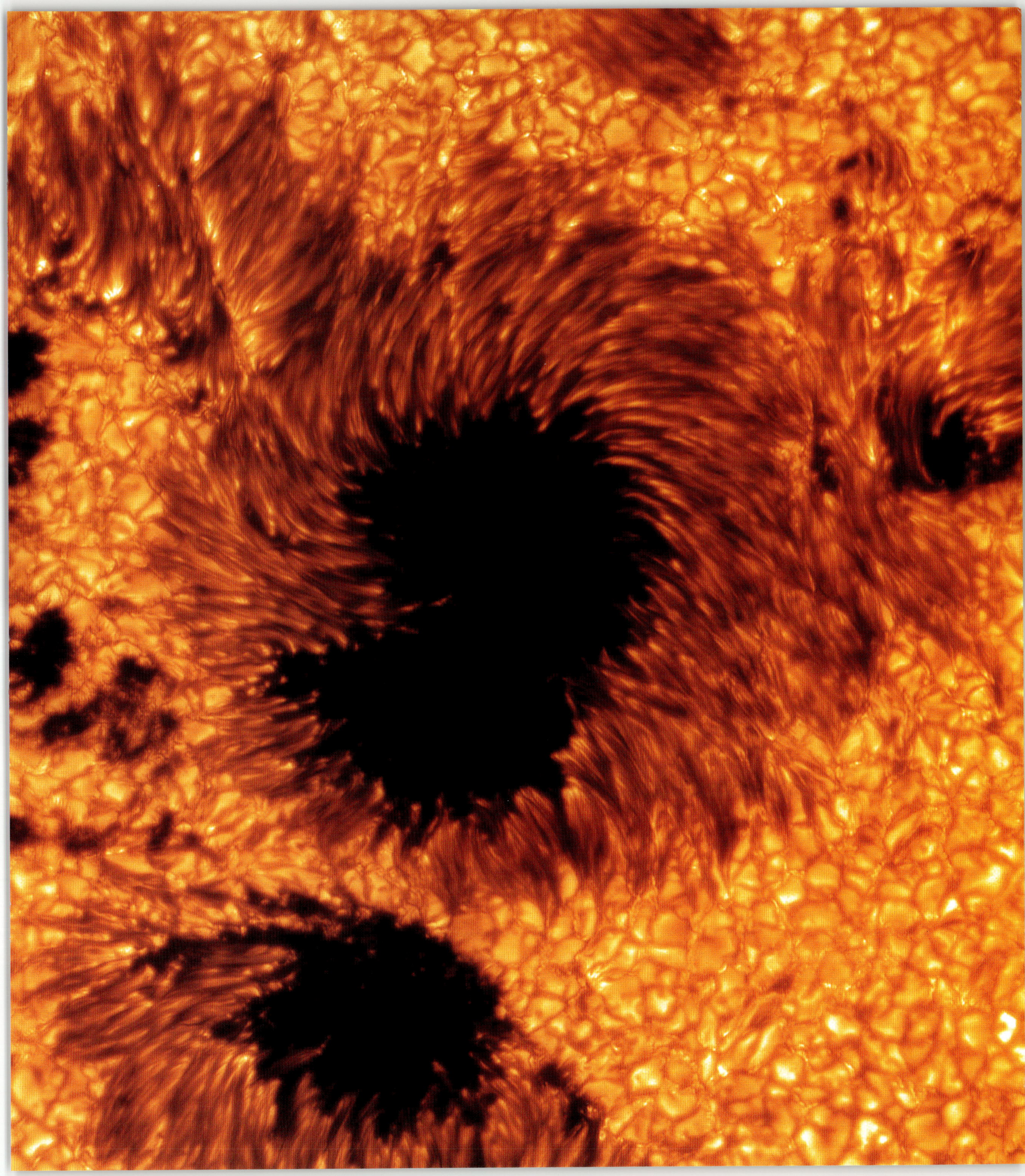

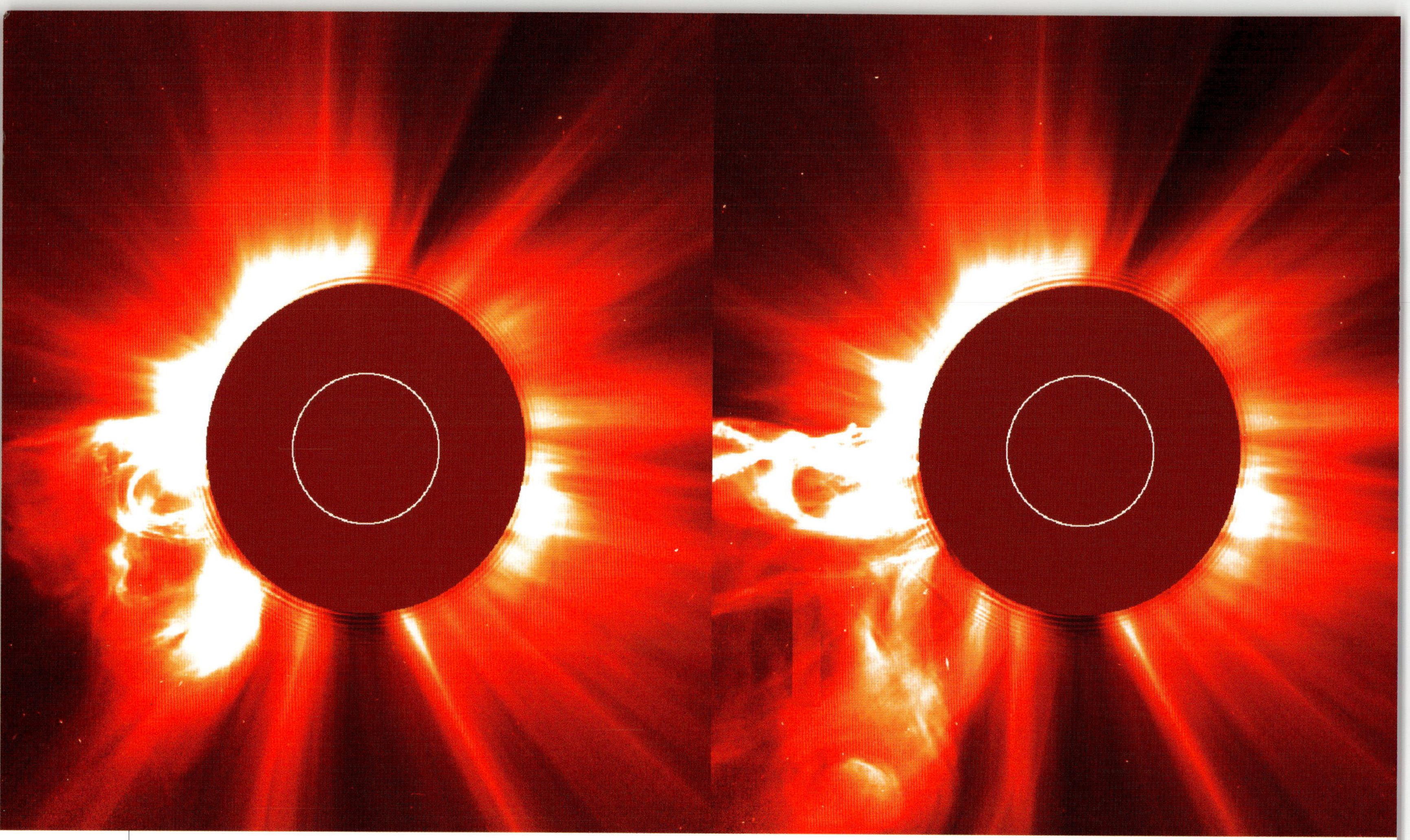

Diese Bildfolge überspannt zwei Stunden und zeigt einen gewaltigen koronalen Masseauswurf (CME) auf der Sonne. Milliarden Tonnen ionisierten Gases werden hierbei ins All geschleudert. In diesem Fall erfolgte der CME-Ausstoß zum Glück nicht in Richtung Erde.

rial von typischerweise rund 1000 km Durchmesser, deren Lebensdauer knappe fünf bis zehn Minuten beträgt, ehe sie durch nachdrängende Materie aus dem Inneren ersetzt werden, und „Supergranulen", die sich über 20000 km erstrecken und zehn bis 20 Stunden überdauern. Gemeinsam bilden diese beiden Granulentypen einen beträchtlichen Teil der normalen, täglich zu sehenden Oberflächenschicht der Sonne.

Eine weitere Eigenschaft der Sonne ist, dass sie unablässig pulsiert, wobei sich Teile ihrer Oberfläche mit einer Periodendauer von etwa fünf Minuten heben und senken. Diese Oszillationen werden durch Schallwellen hervorgerufen, die durch Druck in der Tiefe entstehen. Die Wellen und die Frequenz der von ihnen produzierten Vibrationen lassen sich nutzen, um ins Sonneninnere zu „blicken", ähnlich wie Geologen über Erdbebenwellen Informationen über den Kern der Erde gewinnen. Diese „Helioseismologie" genannte Wissenschaft hat nicht nur zu Erkenntnissen bezüglich Temperatur und Aufbau der inneren Sonnenschichten geführt, ihre Techniken ließen sich auch auf die internen Funktionsmechanismen anderer Sterne anwenden.

Klimawechsel

Unlängst haben Wissenschaftler die Vermutung aufgestellt, langfristige Veränderungen in der Helligkeit der Sonne könnten sich in gleichem oder noch stärkerem Maße auf die globale Erwärmung auswirken wie der steigende Kohlendioxidausstoß durch Autos und Fabriken. Einen faszinierenden historischen Zusammenhang zwischen der Temperatur auf der Erde und langperiodischen Schwankungen der Sonnenaktivität fördert das Studium von Jahresringen und alten Gletschereisschichten zutage. So hat man eine seltsame Verbindung zu einem ausgeprägten Tempera-

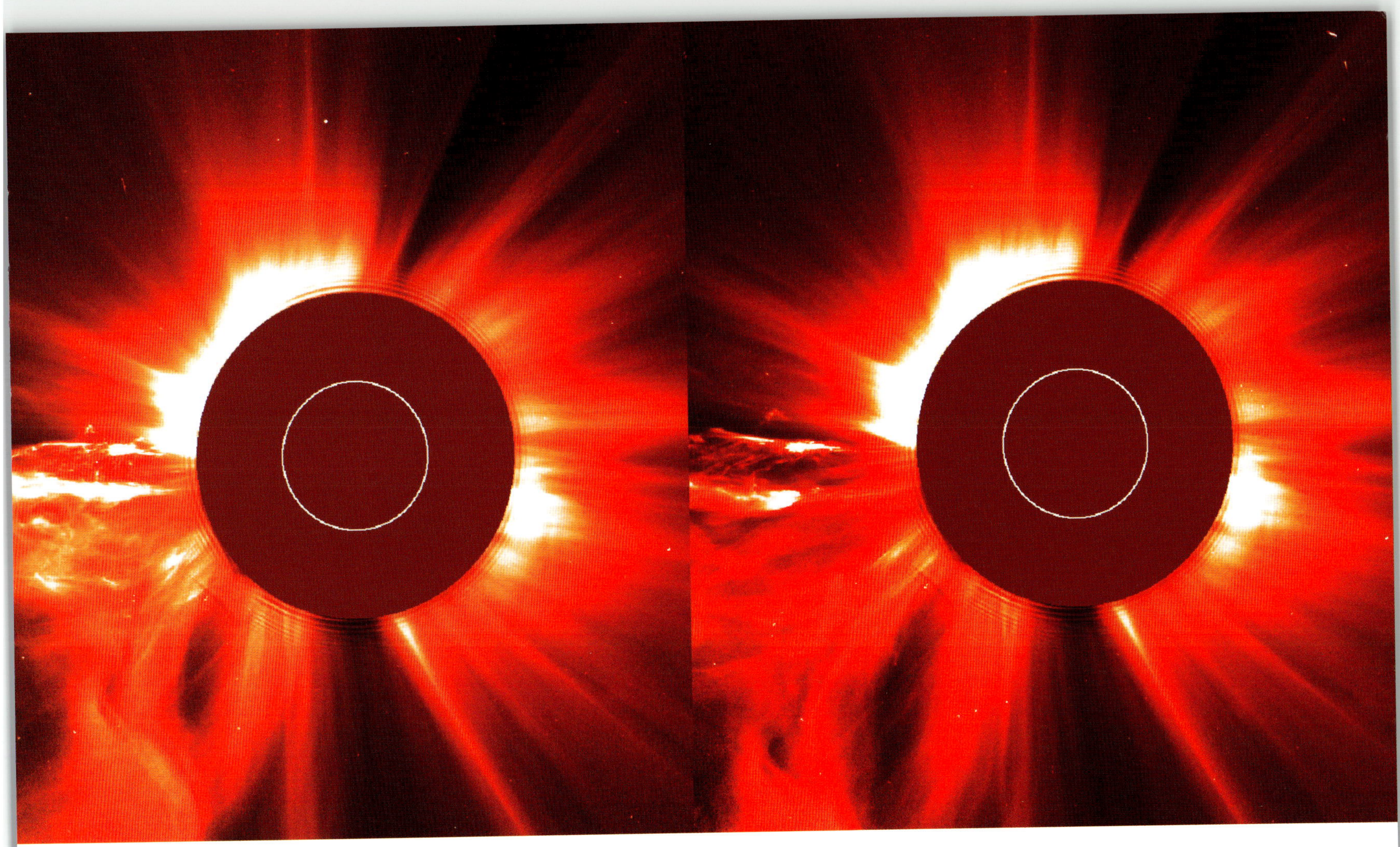

turrückgang am Beginn des 13. Jahrhunderts gefunden. Nach einem Absinken auf 2 °C unter den langjährigen Mittelwert erholten sich die Temperaturen erst im 18. Jahrhundert wieder. Diese „kleine Eiszeit" fällt mit einer außergewöhnlichen Phase geringerer Sonnenaktivität und Sonnenfleckenhäufigkeit zusammen.

Eine wichtige Ursache für klimatische Veränderungen könnte auch sein, wie sich die Schwankungen der Sonneneinstrahlung auf die Ozonschicht der Erde auswirken. Ozon kommt natürlicherweise in der Atmosphäre vor und schirmt das Leben auf der Erde weit gehend gegen die schädliche UV-Strahlung der Sonne ab. Die Folge längerer Perioden mit vermehrter Sonnenaktivität einschließlich Flares und koronaler Masseauswürfe wäre ein Bombardement der oberen Erdatmosphäre mit großen Mengen elektrisch geladener Teilchen. Der größere Partikelstrom würde Moleküle von Gasen wie Stickstoff aufspalten, deren Atome dann ihrerseits die Ozonmoleküle angreifen und so die schützende Ozonschicht ausdünnen würden. Eine erheblich ausgedünnte oder schwindende Ozonschicht setzt aber das irdische Leben gefährlichen Dosen ultravioletter Strahlung aus.

Die von der Sonne abgestrahlte Energie treibt direkt wie indirekt Winde und Wolken auf der Erde. Die Sonnenwärme erzeugt Temperaturdifferenzen, die wiederum Luftdruckunterschiede bewirken, sodass Luft von Hochdruck- in Niederdruckgebiete strömt: Der Wind ist geboren. Zudem schützt das starke Magnetfeld der Sonne das gesamte Sonnensystem vor den hoch energetischen Teilchen der kosmischen Strahlung. Langfristiges Absinken der Sonnenaktivität hätte eine dramatische Schwächung des magnetischen Schilds zur Folge, wodurch vermehrt kosmische Strahlung in die Erdatmosphäre eindringen könnte.

Neuere Satellitendaten haben eine Verbindung zwischen der kosmischen Strahlungsintensität auf der Erde und der Ausdehnung tiefer Wolken aufgezeigt. Eine dauerhafte Zunahme der kosmischen Strahlung könnte die Wolkendecke verkleinern, sodass die Sonneneinstrahlung auf der Erde zunähme, was weltweiten Temperaturanstieg zur Folge hätte.

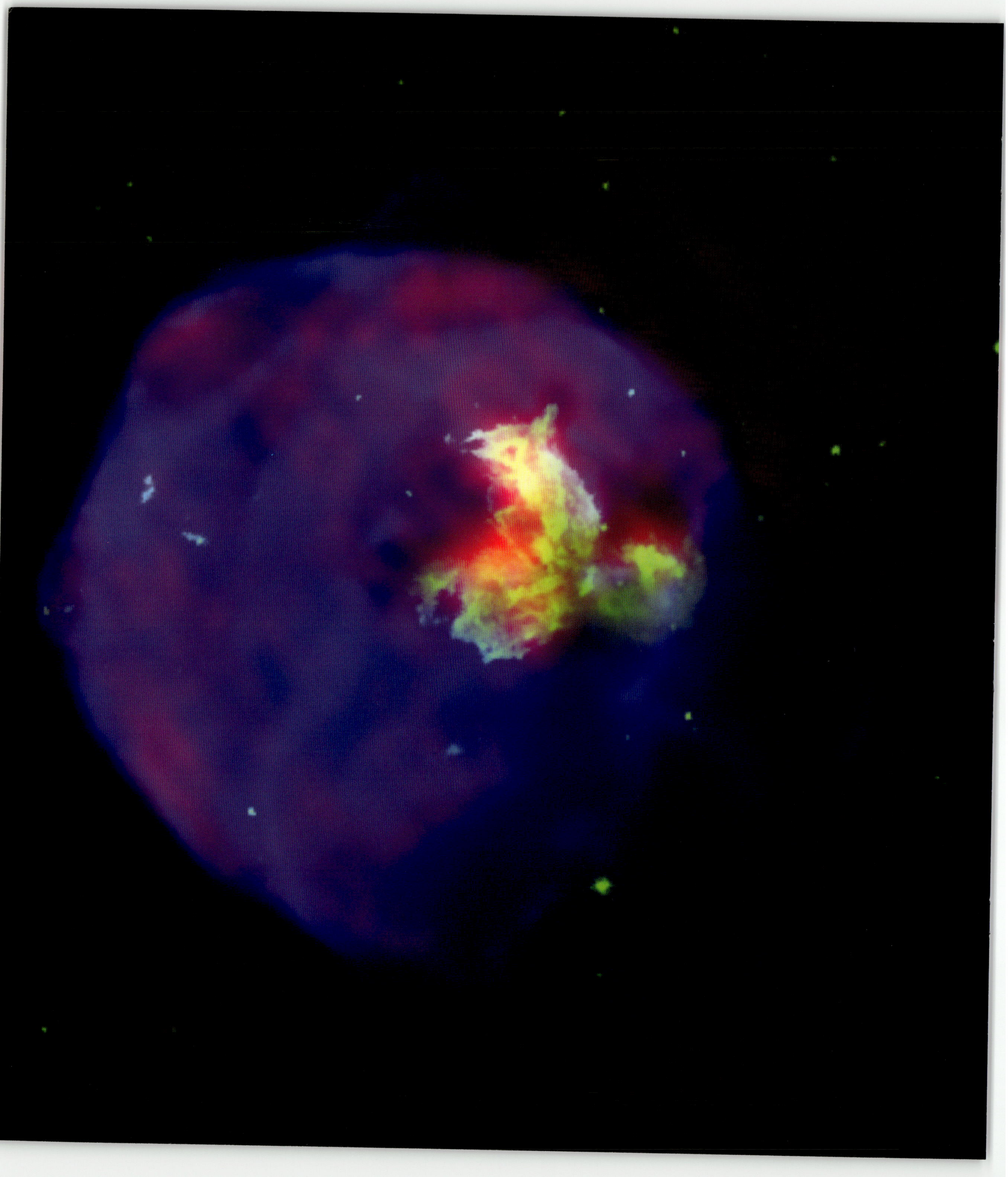

Sterne im Todeskampf

Seit Beginn der Menschheitsgeschichte erscheinen Sterne und Sternbilder praktisch unverändert am Nachthimmel, aber sie leben nicht ewig. Wie wir wissen, werden sie in Brutstätten im Inneren gewaltiger Wolken aus Gas und Staub geboren. Hierauf folgt eine aktive Phase, gefolgt vom endgültigen Untergang, mit dem eine Jahrmilliarden währende Geschichte zu Ende geht. Dieser Sternentod gehört zu den beeindruckenden Themen der modernen Astronomie. Während die Geburt von Sternen meist einem wohl geordneten Ablauf folgt, kann ihr Tod katastrophal sein. Der letzte Akt eines Sternenlebens bietet nicht nur atemberaubende Anblicke, sondern beinhaltet wichtige Prozesse, durch die Galaxien mit den für Leben entscheidenden chemischen Elementen angereichert werden. Im Laufe seiner Existenz erfährt der physikalische Zustand eines Sterns zahlreiche Veränderungen, von denen wir einige nur teilweise verstehen. Daher wollen die Astronomen diesen Entwicklungsprozess nun intensiv erforschen.

Das Leben eines Sterns ist geprägt vom ständigen Kampf zwischen der Gravitation, die ihn kollabieren lassen will, und dem Gegendruck des heißen Gases in seinem Inneren, der ihn zu stützen versucht. Die stabilste Phase, in der das Kräftepaar von Schwerkraft und Druck ausgewogen ist, bezeichnet man als die „Hauptreihe". Unsere Sonne befindet sich derzeit in einer solchen Phase, und daran wird sich – zu unserem Glück – auch in den kommenden rund 5 Milliarden Jahren nichts ändern.

Die einen Stern erhaltende innere Hitze und Strahlung entstehen durch thermonukleare Reaktionen in seiner Kernregion. Dabei sind ganz unterschiedliche und komplizierte Reaktionsabläufe möglich; wesentlich ist jedoch bei stabilen sonnenähnlichen Sternen die Verschmelzung von Wasserstoffatomen zu Helium. Schließlich gehen aber der Wasserstoffvorrat und alle anderen für die Erzeugung von Fusionsenergie vorhandenen Elemente im Kern zur Neige. Die Folge ist, dass keine Wärmequelle mehr existiert, die der Schwerkraft entgegenwirkt, und eine dramatische Umbruchsphase beginnt. Dank leistungsfähiger Teleskope konnten in den letzten Jahren schöne Beispiele hierfür festgehalten werden.

Hüllen und Blasen aus Gas

Die spezifische Entwicklung, die ein Stern nimmt, vor allem das, was nach Versiegen der nuklearen Energiequelle mit ihm geschieht, hängt entscheidend von seiner Masse bei der Geburt ab. Ein normaler „leichtgewichtiger" Stern wie unsere Sonne wird sich durch enormes Aufblähen seiner äußeren Schichten in einen Roten Riesen verwandeln. Dies wird zwar erst in rund 5 Milliarden Jahren passieren, dann allerdings wird sie den Merkur und möglicherweise sogar die Venus verschlingen. Die rote Riesensonne wird dann am Himmel über einer ausgeglühten Erde einen Winkel von 60° überspannen.

Während seiner Phase als Roter Riese sprengt ein Stern den größten Teil seiner äußeren Schichten als Hüllen ab, die von der

Die beim Tod eines massereichen Sterns abgeworfene Gashülle leuchtet im Röntgenspektrum. Die gewaltige Stoßwelle der Supernova-Explosion hat vor über 2000 Jahren die stellare Materie auf mehr als 10 Millionen °C erhitzt. Die vom *Chandra*-Satelliten erfasste Röntgenstrahlung wurde mit optischen (grün) und Radioaufnahmen (rot) kombiniert, um diese einmalige Ansicht eines kosmischen Gewaltdramas zu erhalten.

Strahlung aus seinem Inneren ins All geblasen werden. Dank des Hubble-Weltraumteleskops hat man kürzlich die beachtliche Geschichte einstiger Expansionshüllen um einen alternden Stern namens V838 Mon entdeckt, rund 20000 Lichtjahre von uns entfernt. Im Januar 2002 nahm die Helligkeit des Sterns dramatisch zu, sodass die sich im Weltraum wie ein Kamerablitzlicht ausbreitende Lichtenergie bis dahin unsichtbare Hüllen aus Staub anstrahlte, die die frühere Geschichte von V838 Mon schildern. Die einmaligen Aufnahmen dokumentieren Einzelheiten über den Aufbau der Hüllen, während diese sich zu gewaltigen Dimensionen aufblähten.

Vorherige Doppelseite:
Diese Aufnahme des so genannten Blasennebels zeigt beeindruckend klar den Ausstoß heißer Gase von einem Stern mit 40-facher Sonnenmasse. Der helle Zentralstern jagt einen kolossalen Sternenwind mit 7 Millionen km/h ins Weltall. Er trifft auf die weiter außen liegende, langsamere Materie und bläht sie zu einer Blase mit 6 Lichtjahren Durchmesser auf.

Schließlich verlieren alle sonnenähnlichen Sterne ihre gesamte äußere Gashülle. Nach diesem Materieausstoß bleibt nur der innerste, ungefähr auf die Größe der Erde zusammengeschrumpfte Kohlenstoffkern übrig – ein Weißer Zwerg. Die Strahlung aus diesem anfänglich sehr heißen Kern beleuchtet die abgesprengten Gaswolken, und so entsteht ein als „planetarischer Nebel" bezeichnetes Gebilde. Solche Nebel erinnern an Rauchringe und künden vom Tod massearmer sonnenähnlicher Sterne. Sie sind die geisterhaften Überreste von Sternen und bescheren uns einige der schönsten Anblicke im Weltall. Ein prächtiges Beispiel ist der vom HST aufgenommene Helixnebel. Dieses rund 650 Lichtjahre entfernte Objekt im Sternbild Aquarius präsentiert sich als mehrfarbiges, vielschichtiges Gebilde mit fast drei Lichtjahren Durchmesser. Seine rot und blau leuchtenden Gase enthalten kometenartige Filamente, die in Richtung des sterbenden Weißen Zwergs im Zentrum zeigen. Seine Form erhielt der Helixnebel durch die komplexe Wechselwirkung zwischen heißen Gasstürmen von dem Weißen Zwerg und zuvor abgesprengten kälteren Hüllen aus Gas und Staub. Dank so bemerkenswert de-

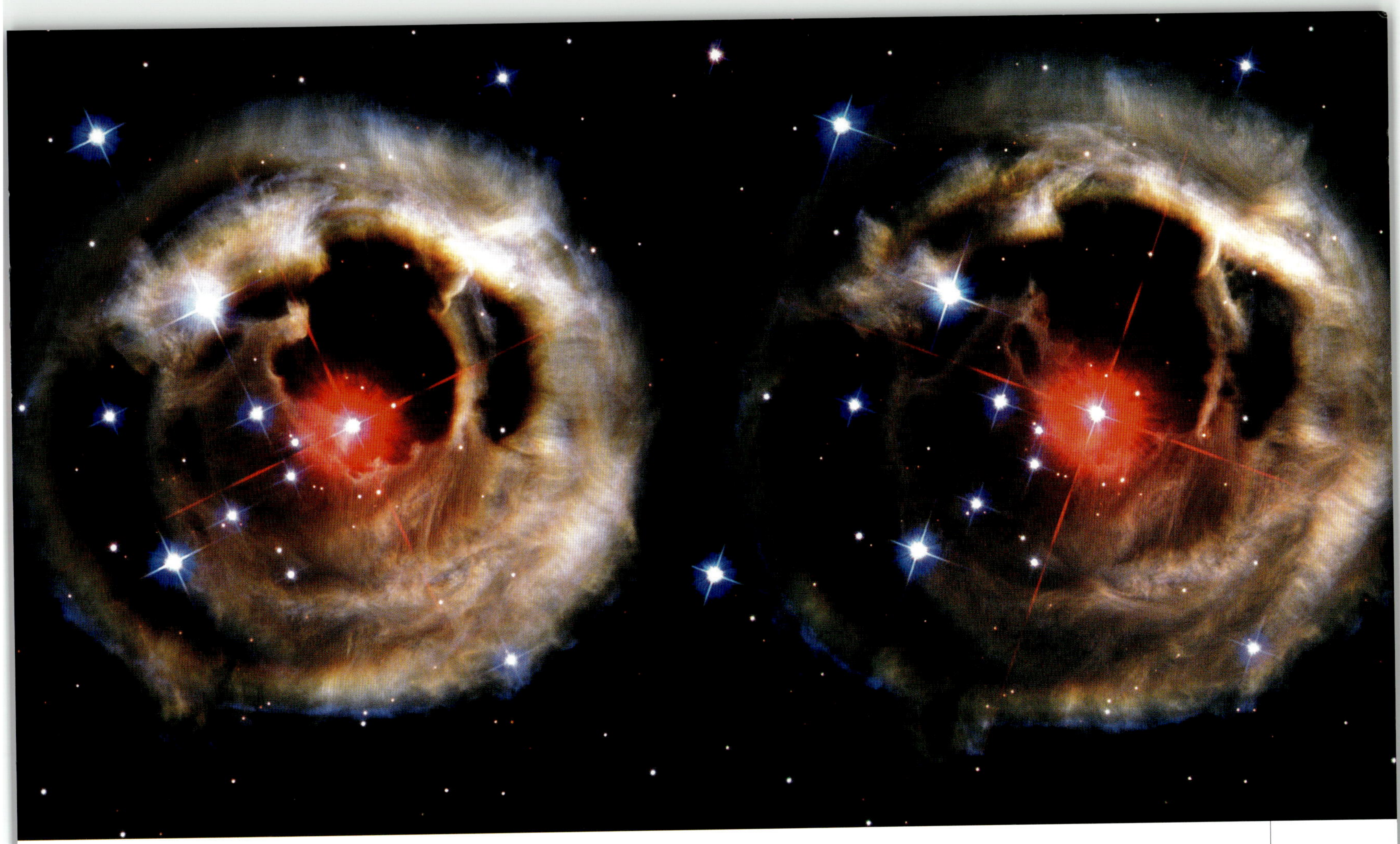

tailreicher Aufnahmen können Astronomen die Geheimnisse des Schlusskapitels im Leben von Sternen unserer Galaxis lüften. Eine aktuelle Herausforderung bleibt die Frage, weshalb die planetarischen Nebel eine derartige Formen- und Strukturenvielfalt darbieten. In einer typischen „Porträt"-Galerie wären nahezu kreisrunde und auffällig schmetterlingsförmige Nebel zu sehen, ferner solche mit windrädchenartigen oder spiralförmigen Merkmalen oder auch mit überlappenden konzentrischen Ringen. Eine Erklärung könnte sein, dass die meisten nicht-ringförmigen Vertreter so geformt sind, weil der ursprüngliche sterbende Stern in Wirklichkeit ein Sternenpaar ist, ein so genanntes Doppelsternsystem.

Über 1500 planetarische Nebel wurden bislang in unserer Galaxis identifiziert. Durchschnittlich kommt jedes Jahr ein neuer Nebel hinzu. Planetarische Nebel bieten ein hervorragendes Labor zur Erforschung der Wechselwirkung von Strahlung und Materie. Der sehr heiße Zentralstern emittiert Strahlung, die durch den Nebel mit seinen festen, molekularen und atomaren Bestandteilen verändert wird.

Diese Bildreihe des HST zeigt den rund 20 000 Lichtjahre entfernten Stern V838 Mon (rot, jeweils in der Bildmitte) mit seinen früher abgeworfenen Staubhüllen. Der Lichtblitz seines jüngsten Ausbruchs breitet sich aus und wird an den verschiedenen Hüllen reflektiert. Während acht Monaten (von links nach rechts) hat sich der Durchmesser der beleuchteten Strukturen von vier auf sieben Lichtjahre ausgedehnt.

Ein Ende mit Knalleffekt

Sterne, die mit der zehn- bis hundertfachen Sonnenmasse geboren werden, beenden ihr Leben weitaus spektakulärer. Etwa einer von tausend Sternen in unserer Milchstraße fällt in diese Größenklasse und verbraucht seine nuklearen Brennstoffreserven erheblich schneller als unsere Sonne, was eine phänomenale Energieabstrahlung zur Folge hat. Während dieser beschleunigten Entwicklung können solche Sterne sehr heftige und eruptive Phasen durchlaufen. Aufgrund ihrer enormen Masse kann die intensive Strahlung in den inneren Regionen nach außen auf die äußeren

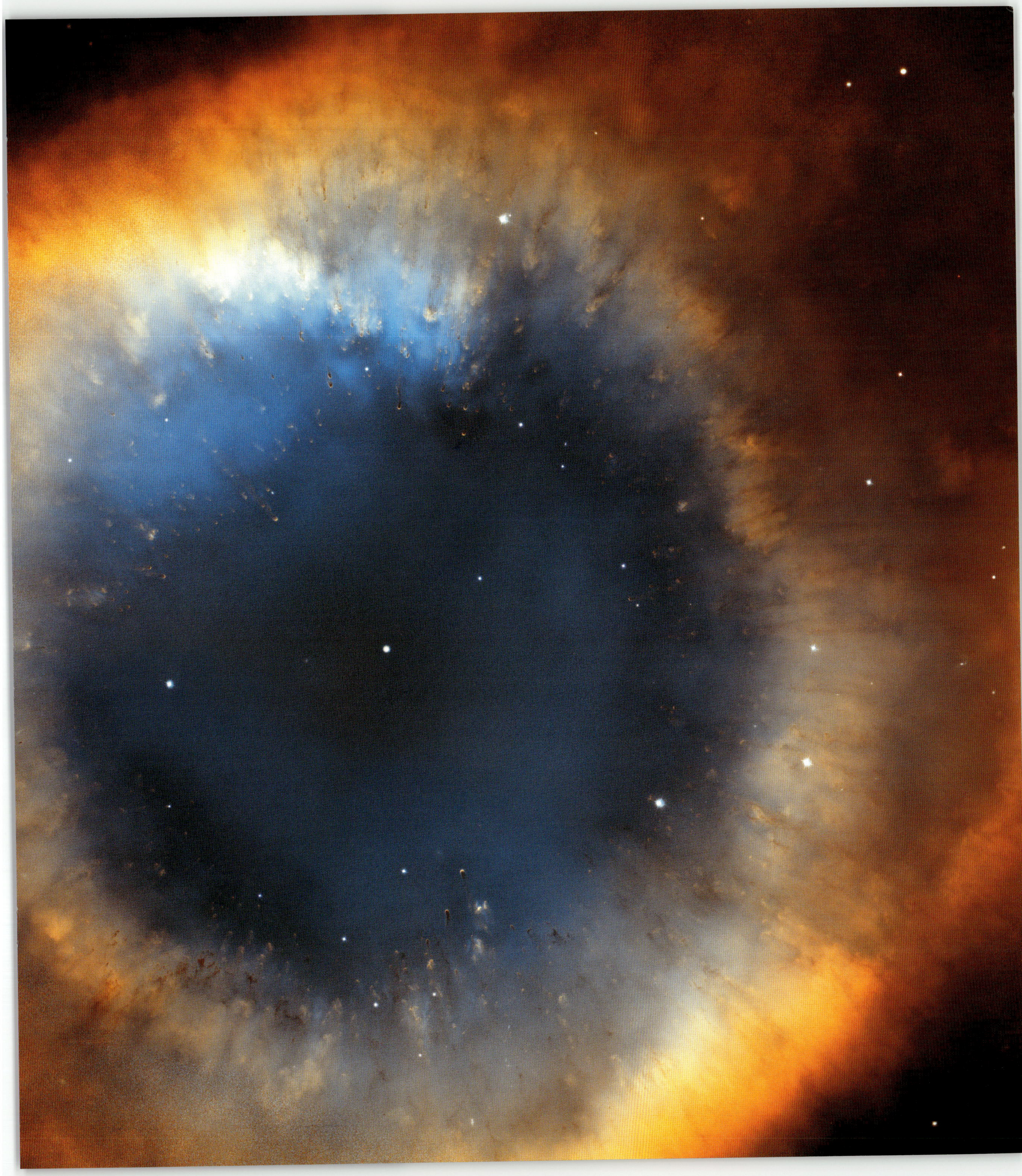

Vorherige Doppelseite: Die scharfe Optik des Hubble-Weltraumteleskops enthüllt die feinen Strukturen des Helixnebels. Die Gase dieser ein Lichtjahr großen Wolke wurden von einem sonnenähnlichen Stern kurz vor dessen Ende ausgestoßen. Den sterbenden Zentralstern, einen Weißen Zwerg, erkennt man genau im Zentrum des Nebels.

Schichten durchdrücken, was den ganzen Stern instabil macht und gewaltige Masseauswürfe produziert. Die größten Riesen können bei ihren gigantischen Ausbrüchen auf einen Schlag die zehnfache Sonnenmasse wegblasen. Das Feuerwerk, das der massereiche Stern Wolf-Rayet 124 abbrennt, ist ein eindrucksvolles Beispiel für dieses sprunghafte Verhalten. Riesige Gasblasen werden mit über 160 000 km/h abgeschossen, wodurch ein außerordentlich starker Sternenwind entfacht wird und sich ein klumpig-schlieriger Nebel um ihn legt. Sterne wie Wolf-Rayet 124 sind hochgradig instabil und steuern binnen weniger Millionen Jahre auf ein katastrophales Ende zu.

Massereiche Sterne können mit immer schwereren Elementen wie Kohlenstoff, Sauerstoff, Neon, Silizium usw. ihre Fusionsreaktionen aufrechterhalten und daraus Energie beziehen, bis ihr Kern schließlich aus Eisen besteht. Eisen ist die stabilste Form nuklearer Materie; aus seiner Fusion zu einem höheren Element kann keine Energie gewonnen werden. Sobald sich ein Eisenkern gebildet hat, kann der „Schwergewichtsstern" keine Wärme mehr zur Kompensation der Schwerkraft produzieren – dann droht der Exitus. Der Stern kollabiert sehr schnell in Richtung einer Supernova-Explosion, die seine Milliarden Jahre lange Entwicklung innerhalb weniger Sekunden zunichte macht. Mit 250 Millionen km/h schlägt die gesamte Hülle des Riesensterns auf den harten Eisenkern, prallt zurück und verursacht dadurch eine nach außen laufende Stoßwelle. Bei dieser Explosion wird alles stellare Material in der Umgebung des Eisenkerns mit mehr als 36 Millionen km/h ins All geschleudert – das entspricht 10 000 km/sec. Supernovae produzieren mit die stärksten Explosionen im Universum; dabei wird jeweils mehr als die hundertfache Energie freigesetzt, die die Sonne über ihre gesamte Lebensdauer von

Dieser Krebsnebel ist der Überrest einer von chinesischen Astronomen 1054 n. Chr. aufgezeichneten Supernova-Explosion. Die Kompositaufnahme im Röntgen- (blau) und sichtbaren Licht (rot) zeigt die extrem turbulente Umgebung eines schnell rotierenden Neutronensterns. Helle Gasfontänen rasen mit halber Lichtgeschwindigkeit ins All.

10 Milliarden Jahren abgibt. Über mehrere Wochen kann eine Supernova-Explosion so hell leuchten wie eine Galaxie aus Milliarden Sternen. Was bleibt also nach diesem letzten Akt des Sternentods übrig? Wenn die ursprüngliche (Geburts)masse des Sterns das Zehn- bis Zwanzigfache der Sonnenmasse betrug, wird der Eisenkern zu einer bizarren Kugel aus Neutronen von knapp 10 km Durchmesser zusammengedrückt; ein Neutronenstern ist entstanden. Diese Art wird mitunter von der Erde aus als „Pulsar" entdeckt, so benannt wegen der Abstrahlung von Radioimpulsen. Bei einer größeren Ausgangsmasse des ursprünglichen Sterns erringt jedoch die Schwerkraft den ultimativen Sieg: der stellare Kern kollabiert und bildet einen rätselhaften Grabstein, ein so genanntes Schwarzes Loch. Auf die sonderbaren Eigenschaften von Schwarzen Löchern gehen wir in diesem Kapitel noch ein.

Übrig bleibt nur der Stoff des Lebens

Die Überreste einer Supernova-Explosion verflüchtigen sich in Form einer heißen, turbulenten Wolke. Durch Analysen ihres energiereichen Gases im Röntgenspektrum und das Hervorheben des sehr dynamischen Umfelds der kollabierten Neutronensterne liefern neue Bilder des NASA-Raumobservatoriums *Chandra* wertvolle Erkenntnisse über solche Supernovareste. Das Gewirr aus verschlungenen Schleifen, Bändern und Hüllen besteht aus einer Vielzahl chemischer Elemente, darunter Sauerstoff, Stickstoff und Eisen. Diese ursprünglich im Inneren des Sterns als Resultat der Kernfusion entstandenen Elemente sind extrem wichtig für die Entwicklung von Leben. Sie können nur im Kern massereicher Sterne entstehen. Die Materieauswürfe diverser früher Supernovae treiben seit Jahrmilliarden durch unsere Galaxis und befruchteten auch die riesige Molekülwolke, aus der unser Sonnensystem vor über 5 Milliarden Jahren hervorging. Unsere eigenen Körper und die Erde selbst bestehen alle aus diesem Sternenstaub. Als Teil einer kosmischen Recyclinganlage produzieren die Überreste von Supernova-Explosionen auch neue Materie für die nachfolgende Sterngeneration.

Nach dem gewaltsamen Supernovatod eines massereichen Sterns vor Tausenden von Jahren sehen wir hier seine geisterhaften Überreste aus Gas und Staub. Das Objekt N49 befindet sich rund 150 000 Lichtjahre entfernt im Sternbild Dorado.

Kollidierende Galaxien

Wie wir schon gesehen haben, geben die Ansichten des fernen, jungen Universums Hinweise auf häufige Zusammenstöße von Zwerggalaxien. In jener Frühphase fanden mehr Kollisionen statt als heute, weil damals im seitdem sich ausdehnenden Weltall alles dichter gepackt war. Diese Kollisionen spielten eine überaus wichtige Rolle bei der Entwicklung großer Spiral- und elliptischer Galaxien. Bilder des HST von jungen Galaxien nur wenige Milliarden Jahre nach dem Urknall zeigen sie durch die Kollisionen verzerrt, ja entstellt; ihre Form weicht erheblich von den regelmäßigen elliptischen und Spiralgalaxien unserer Gegenwart ab. Zum Glück können wir mehr über die Verschmelzung von Galaxien lernen, indem wir uns einigen nahen Vertretern widmen, die im Teleskop viel besser aufgelöst erscheinen.

Bei Kollisionen zwischen Galaxien wirken ungeheure Kräfte; denn es treffen Objekte aufeinander, die einige Milliarden Sterne enthalten können und mit mehreren Millionen km/h aufeinander zurasen. Von der Schwerkraft über Abermillionen Jahre angezogen, erlebt ungefähr jede hundertste Galaxie einen derartigen Zusammenstoß. Die lange Zeitspanne bedeutet natürlich, dass Astronomen solche Begegnungen nie in ihrer Gesamtheit verfolgen können, sondern sich mit Schnappschüssen von Verschmelzungen und Interaktionen in unterschiedlichen Phasen begnügen müssen. Die physikalische Wechselwirkung zwischen ihnen beeinflusst am stärksten das freie, im Medium zwischen den Sternen vorhandene Gas. Der Aufprall erzeugt eine gewaltige Stoßwelle, die durch die Gaswolken rollt und sie komprimieren kann, bis ihre Dichte ausreicht, damit es zur Bildung neuer Sterne kommt. Demgegenüber bleiben die einzelnen Sterne relativ unberührt, weil die durchschnittliche Entfernung zwischen ihnen mehrere Lichtjahre beträgt und damit millionenfach größer ist als der typische Sterndurchmesser. Kollisionen zwischen Einzelsternen sind daher unwahrscheinlich, jedoch können sich ihre Verteilung und ihre Umlaufbahnen innerhalb der Galaxien verändern.

Hervorragende Bilder kollidierender Galaxien belegen einen interessanten Formenreichtum. Die morphologische Bandbreite, die nach dem Zusammenstoß von zwei oder mehr Galaxien sichtbar wird, verrät eine Menge über ihre Eigenschaften: ihre Masse, ihre Kompaktheit, ihre Eigengeschwindigkeit oder den Aufprallwinkel. Manche Galaxien werden nur gestreift, andere kollidieren frontal mit voller Wucht. Bisweilen können infolge dieser Wechselwirkung Spiralarme wie jene unserer Milchstraße entstehen. Tatsächlich scheint es, als hätte unsere Galaxie schon mehrere solcher Rendezvous hinter sich und steuere weiteren auch in Zukunft entgegen.

Brücken und Schweife

Meistens streifen zwei interagierende Galaxien sich nur flüchtig, und es kommt zu keiner direkten Kollision. Ein eng benachbartes Galaxienpaar, das über wechselseitige Anziehungskräfte verbunden ist und einander umkreist, kann bei einer Passage in geringem

Die Aufnahme des Subaru-Superteleskops auf Hawaii zeigt die 12 Millionen Lichtjahre entfernte asymmetrische Galaxie M82. Die fransigen, senkrecht zur Hauptscheibe stehenden roten Strukturen ragen jeweils über 10000 Lichtjahre weit ins All. Der größte Teil dieser Materie wird von einem Superwind aus der Zentralregion der Galaxie beschleunigt; allerdings hatte M82 auch schon mehrere nahe Begegnungen mit Nachbargalaxien.

Abstand beträchtliche Schäden und Deformationen erleiden. Als Folge derart destruktiver Begegnungen können sich gewaltige Bänder und Schweife aus Gas, Staub und Sternen bilden, die sich über hunderte Lichtjahre in den Weltraum erstrecken. Ein schönes Beispiel ist die von den Kameras des HST festgehaltene Kollision zwischen dem 300 Millionen Lichtjahre entfernten Galaxienpaar NGC4676. Die miteinander „ringenden" Galaxien haben sich gewaltige Schweife aus Sternen und Gas entrissen, und man erkennt Materieströme, die hunderte von Lichtjahren weit davonströmen. Die bei dieser 160 Millionen Jahre alten Vereinigung wirkenden Gravitationskräfte haben zudem zahlreiche Haufen mit neuen, sehr aktiven Sternen hervorgebracht, die auf dem Bild als blaue Lichtflecke erkennbar sind.

Ein Gerangel liefern sich auch die beiden Spiralgalaxien NGC2207 und IC2163 im Sternbild Canis Major. NGC2207 ist die größere und massereichere Komponente, deren Gezeitenkräfte stark an IC2163 zerren. Die üblichen Merkmale galaktischer Begegnungen – lang gestreckte Materiestreifen, Bereiche mit stark komprimiertem Gas, Bänder aus stellarem Staub und vermehrte Sternentstehung – treten hier deutlich in Erscheinung. Die starke Deformation von IC2163 zeigt sich unter anderem in zwei Gezeitenströmen aus Gas und Staub sowie der ungewöhnlich ovalen Form ihrer Hauptscheibe. Die Vereinigung ist relativ jung, wobei die beiden Galaxien wohl vor rund 40 Millionen Jahren ihre größte Annäherung erreichten. NGC2207 und IC2163 sind für alle Zeiten in dieser Umklammerung fixiert und werden sich weiter gegenseitig aufreiben, bis sie in einigen Milliarden Jahren zu einer einzigen, massereichen Galaxie verschmelzen.

Riesige Schleppen aus Sternen und Gas, die Galaxien entrissen wurden, bilden den Gezeitenschutt der kosmischen Kollisionen und können als Experimente der Natur im eigenen Crashtestlabor angesehen werden. Der Materiegehalt in diesen Bändern gibt Aufschluss über die Energie des Aufpralls und die Zusammensetzung der Galaxien. Ein wesentlicher Faktor, der über die resultierende Form kollidierender Galaxien entscheidet, ist zum Beispiel die Masse der gewaltigen Halos aus Dunkler Materie, die alle Galaxien umgeben dürfte.

Und auch Ringe

Durch eine direkte Frontalkollision zwischen einer kleinen Galaxie und einem größeren Begleiter kann bisweilen ein Ring aus Sternen entstehen, der sich um den Überrest der Hauptgalaxie bildet. Solche „Ringgalaxien" zeugen von einem wahren Volltreffer in

Hier werden wir zu Zeugen einer Kollision der beiden Galaxien NGC2207 (links) und IC2163 (rechts). Durch die enormen Gravitationskräfte werden Sterne und Gas in langen Bögen über 100000 Lichtjahre weit ausgespien. IC2163 schiebt sich gegen den Uhrzeigersinn an NGC2207 vorbei, wobei ihre größte Annäherung schon vor rund 40 Millionen Jahren stattfand.

Nachfolgende Doppelseite: Die neueste, von Astronauten im März 2002 am Hubble-Weltraumteleskop angebrachte Kamera mit dem Spitznamen „Mäuse" fing diese Kollision ein. Aus den verzerrten Galaxien schießen gewaltige Materieströme, deren Schweife von Klumpen aus jungen blauen Sternen erhellt werden. In einigen Milliarden Jahren werden die beiden Objekte zu einer elliptischen Riesengalaxie verschmelzen.

grauer Vorzeit. Ein gutes Beispiel hierfür bietet Hoag's Object in rund 600 Millionen Lichtjahren Entfernung im Sternbild Serpens: Ein nahezu perfekter Ring aus heißen blauen Sternen umgibt einen kleineren Zentralkern aus älteren gelben Sternen. Und mit 170 000 Lichtjahren Durchmesser ist dieser Ring riesig – die ganze Scheibe unserer Milchstraße würde bequem hineinpassen. Nach Ansicht der Astronomen raste vor etwa 3 Milliarden Jahren eine kleinere Galaxie in den Kern der Hauptgalaxie und löste dadurch eine gigantische Stoßwelle aus, die sich mit ungeheurer Geschwindigkeit fortpflanzte. Wie die Kräuselwellen eines ins Wasser geworfenen Steins sich ringförmig ausbreiten und mit wachsender Entfernung vom Zentrum ineinander zu fließen scheinen, so wurden durch die heranrasende Stoßwelle Gas und Staub immer stärker komprimiert und so stark erhitzt, dass schließlich neue Sterne entstanden: die jungen, massereichen Sterne im Ring von Hoag's Object. In diesem Fall blieb von der rammenden Galaxie keine Spur übrig, wahrscheinlich gingen ihre Trümmer zum Teil in den Ring über. Inzwischen wurden dutzende durch Kollisionen entstandene Ringgalaxien entdeckt, und eine Reihe vermuteter Objekte harrt noch ihrer Erforschung.

Kompakte Gruppen

Einzelne Galaxien sind im Universum selten, meist bilden sie Gruppen mit einer Handvoll bis zu mehreren tausend Mitgliedern, die durch ihre wechselseitigen Gravitationskräfte zusammengehalten werden. Wenn etwa ein Dutzend Galaxien auf so kleinem Raum versammelt sind, dass sie sich zwangsläufig irgendwann berühren und miteinander in Wechselwirkung stehen, spricht man von kompakten Gruppen, von denen bislang rund 300 entdeckt wurden. Sie sind bedeutsam, weil sie als nahe Beispiele für jene Formen von Verschmelzung dienen, die wohl in der Frühgeschichte des Universums stattfanden, als galaktische Begegnungen alltäglich waren. Die kompakten Gruppen sind vergleichsweise nah und können daher detailscharf beobachtet werden, um die kollisionsbedingte Zerstörung zu verstehen.

Die 300 Millionen Lichtjahre entfernte kompakte Gruppe Hickson 40 im Sternbild Hydra besteht aus fünf Spiral- und ellipti-

Hoag's Object ist eine erstaunliche Ringgalaxie in 600 Millionen Lichtjahren Entfernung. Die eigentliche Galaxie misst rund 120 000 Lichtjahre im Durchmesser. Bei dem blauen Ring aus jungen Sternen könnte es sich um die Überreste einer Kollision mit einer anderen Galaxie handeln.

schen Galaxien, die in physikalischer Wechselbeziehung stehen. Aufgrund der Verzerrung durch ungeheure Gravitationskräfte ziehen sich hier als Auftakt zur endgültigen Verschmelzung einiger Gruppenmitglieder gewaltige Sternen- und Gasströme über enorme Distanzen hinweg. Die anschließende Kompression dieses Gases kann die Geburt neuer Sterne auslösen. Untersuchungen von Hickson 40 liefern neue Erkenntnisse, wie heftige Begegnungen sich auf die Entwicklung einzelner Galaxien auswirken.

Galaktischer Kannibalismus

Die gewaltsamste Begegnung im Universum findet statt, wenn eine Galaxie vollständig von einem erheblich größeren Nachbarn verschlungen wird, was ihren kompletten Zerfall bedeutet. Zu solchen Auswüchsen von galaktischem Kannibalismus kommt es oft in den Zentralregionen großer Galaxiengruppen. Hier kann die Kerngalaxie mehrere Zwerggalaxien verschlingen und zu einer supermassiven Galaxie von der fünf- bis zehnfachen Größe unserer Milchstraße anwachsen. Zum Beispiel ist die eindrucksvolle Spiralgalaxie ESO 510-G13 offenbar dabei, sich ihren kleineren Begleiter einzuverleiben. Von der Seite betrachtet, zeigt die 150 Millionen Lichtjahre entfernte Galaxie eine aufgrund dieser erheblichen Störung ungewöhnlich verkrümmte Sternenscheibe. Die gravitationsbedingten Verzerrungen haben außerdem zur Entstehung von jungen blauen Sternen in den äußeren Regionen der Galaxie geführt. Die vollständige Verschmelzung von ESO 510-G13 mit ihrem Nachbarn wird in wenigen Millionen Jahren abgeschlossen sein. Die Kenntnis des weiteren Fortgangs dieser Begegnung kann den Astronomen Aufschluss über Struktur und Stabilität der ursprünglichen größeren Spiralgalaxie geben, darüber, wie kompakt sie war oder wie ihre Materie vom Kern bis in den Randbereich verteilt war.

Das Schicksal unserer Milchstraße

Unsere spiralförmige Heimatgalaxie gehört zu einem Verbund aus 45 Galaxien, der so genannten Lokalen Gruppe, deren Mitglieder sich in einem Gebiet von etwa 3 Millionen Lichtjahren Durchmes-

Diese Aufnahme des Subaru-Teleskops zeigt die kompakte Galaxiengruppe Hickson 40, deren Mitglieder so eng stehen, dass sich die drei Galaxien am unteren Bildrand bereits berühren und durch ihre Gravitationskräfte gegenseitig beeinflussen.

ser befinden. In dieser Gruppe gibt es nur drei große Spiralgalaxien, darunter den Andromedanebel, der Rest besteht aus kleinen elliptischen oder unregelmäßig geformten Zwerggalaxien. Ihre gemeinsame Schwerkraft hält diese Lokale Gruppe zusammen, und es gibt zahlreiche Gründe für die Vermutung, dass auch unsere Galaxis bereits Opfer von Zusammenstößen mit den kleineren Mitgliedern war. Das führt zu der Frage, welches Schicksal unserer Galaxis in dieser wechselwirkenden Gruppe wohl beschieden sein wird.

Ein Ansatz, mit dem die Astronomen diese Frage zu beantworten suchen, ist die Simulation von Galaxienkollisionen mittels Computermodellen. Mit den empirisch gewonnenen Daten für die Geschwindigkeiten und Massen der Galaxien gefüttert, können Hochleistungsrechner daraus animierte Sequenzen erzeugen und die Entwicklung einer Kollision darstellen, wie sie sich in Wirklichkeit über einen Zeitraum von etwa 500 Millionen Lichtjahren ereignen würde. Beobachtungen unserer Lokalen Galaxiengruppe ergaben, dass unsere Milchstraße und der doppelt so große Andromedanebel (auch M31 genannt) tatsächlich mit einer Geschwindigkeit von 480 000 km/h aufeinander zurasen. Sie sind lediglich gute 2 Millionen Lichtjahre voneinander entfernt und müssten bei diesem Tempo in etwa 5 Milliarden Jahren aufeinander treffen. Der aktuellen Prognose zufolge wird es zunächst keine Frontal-, sondern eher eine seitliche Kollision geben. Dennoch kündigen die Computermodelle in der Folge dramatische Veränderungen an. Nach dem ersten Schlag werden sich die beiden Galaxien auf einer immer engeren Bahn umkreisen, wobei es eine zweite und dritte gewaltige Kollision gibt. Schließlich verringert sich im Laufe von ungefähr einer Milliarde Jahren der Abstand immer weiter, bis die Galaxien sich zu einer einzigen elliptischen Riesengalaxie vereinigen. Welche Folgen wird dies für die Erde haben? Nun, bekanntlich werden sich die künftigen Bewohner unseres Planeten schon wesentlich früher einer eher lokalen Krise stellen müssen: die Sonne wird sich bis dahin auf ihrem vorbestimmten Lebensweg zu einem Roten Riesen aufgebläht und eine ausgeglühte, leblose Erde mit verbrannter Atmosphäre und siedenden Ozeanen hinterlassen haben.

Nachgestellte Kollision zweier Galaxien im Computermodell. Von links nach rechts (und auf den folgenden Seiten) zeigt die Simulation Momente während einer Milliarde Jahre. Die beiden Spiralgalaxien ziehen sich durch ihre Schwerkraft gegenseitig an, und es kommt zur Bildung gewaltiger Materieschweife oder Ströme.

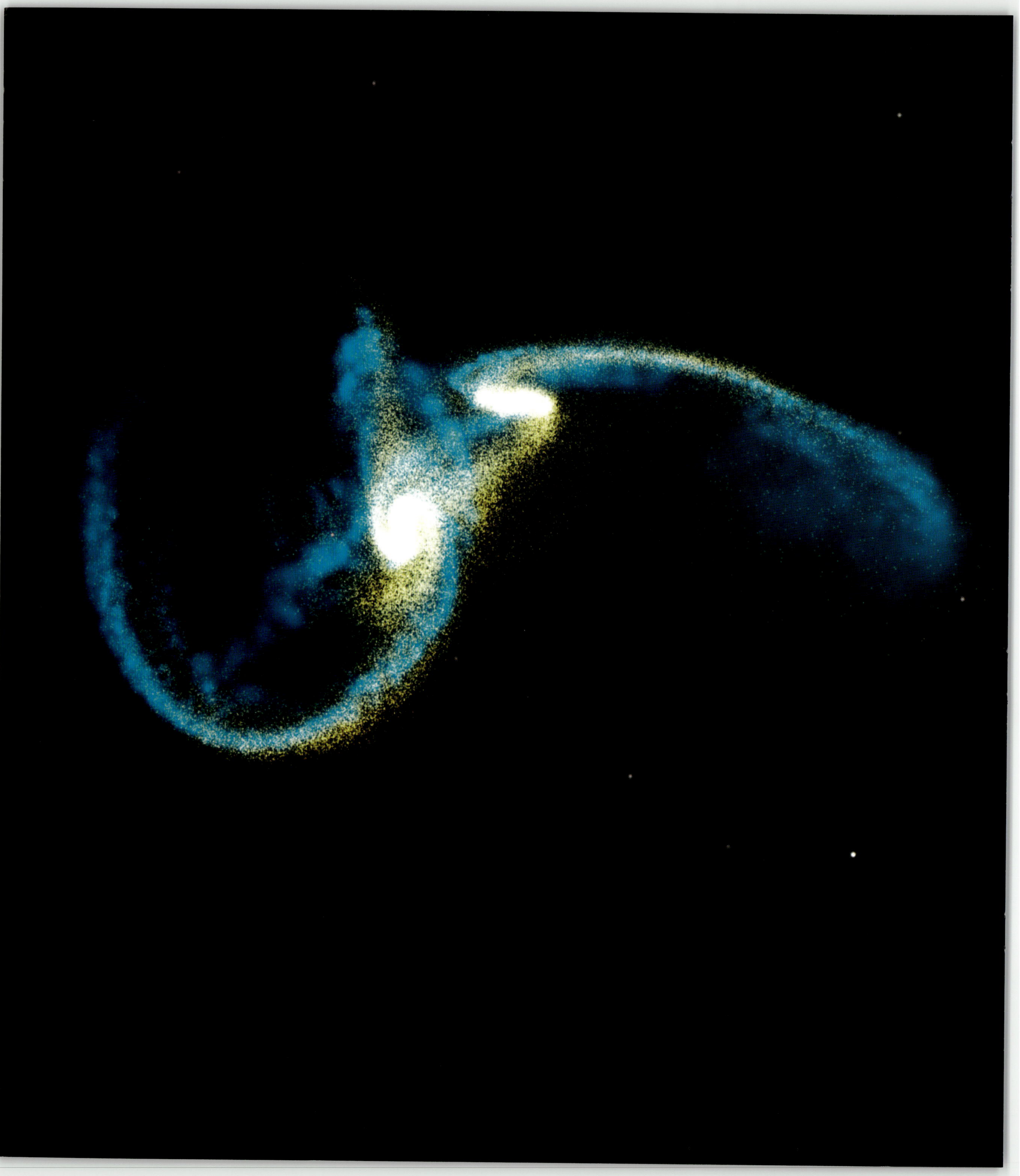

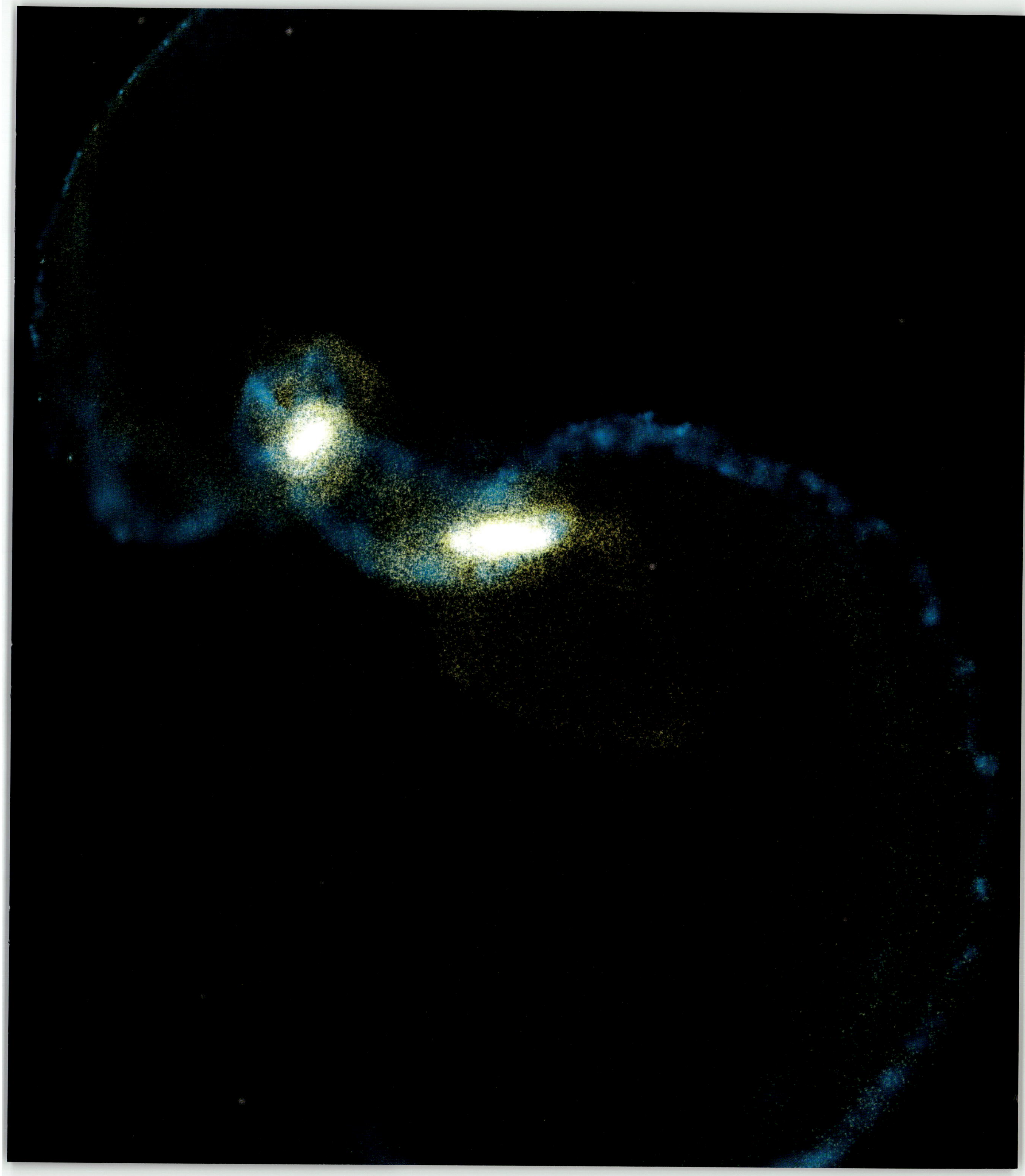

Was lauert im Zentrum unserer Galaxis?

In den letzten Jahren haben die Astronomen erkannt, dass die Region um das Zentrum unserer Milchstraße ein gewaltiges und einzigartiges Labor ist, wo auf ganz unterschiedlichen Skalen eine Fülle wichtiger energetischer Phänomene abläuft. Die Erforschung dieser Prozesse erweist sich mitunter als sehr schwierig und erfordert oft Daten der leistungsstärksten Teleskope, die in unterschiedlichen Frequenzbereichen von Röntgen- bis Radiowellen arbeiten. Die größte Herausforderung liegt in der Enthüllung eines monströsen Objekts, das im Zentrum unserer Heimatgalaxie lauert.

Beginnen wir mit einem Überblick über die grundlegende Struktur unserer Galaxis. Wir leben in einer mittelgroßen Spiralgalaxie mit ungefähr 150 Milliarden Sternen. Wie alle Spiralgalaxien besteht unsere Milchstraße aus drei Hauptkomponenten: der Scheibe (in der sich auch unser Sonnensystem befindet), einem zentralen „Bauch" (Zentralgebiet) und einem gigantischen, die gesamte Scheibe umspannenden diffusen Halo. Zur Scheibe gehören die gestaltprägenden, aus Gas, Staub und Sternen bestehenden Bänder der vom Zentralgebiet abgehenden Spiralarme. In einem dieser Arme, dem so genannten Orionarm, liegt unsere Sonne. Da wir uns innerhalb der Scheibe befinden, haben wir nur eine sehr beschränkte Ansicht unserer Galaxis; man sieht buchstäblich den Wald vor lauter Bäumen nicht. Die Scheibe unserer Galaxis misst rund 100000 Lichtjahre im Durchmesser, ist jedoch relativ flach, ihre Dicke beträgt lediglich rund 900 Lichtjahre. Sie ist von einer mächtigen, sphärischen Zone (Halo) mit mehr als 150000 Lichtjahren Durchmesser umgeben. Dieser Halo enthält die ältesten Sterne der Galaxis und birgt zudem beträchtliche Mengen der

Eine vom COBE-Satelliten aufgenommene Infrarotansicht unserer Milchstraße. Deutlich erkennt man in dieser Seitenansicht die dünne Scheibe unserer Galaxis und ihre Zentralregion, die eine hohe Konzentration von Sternen, Gas und Staub enthält. In sehr dunklen, sternklaren Nächten ist die Galaxienebene als milchig-weißes Band sichtbar.

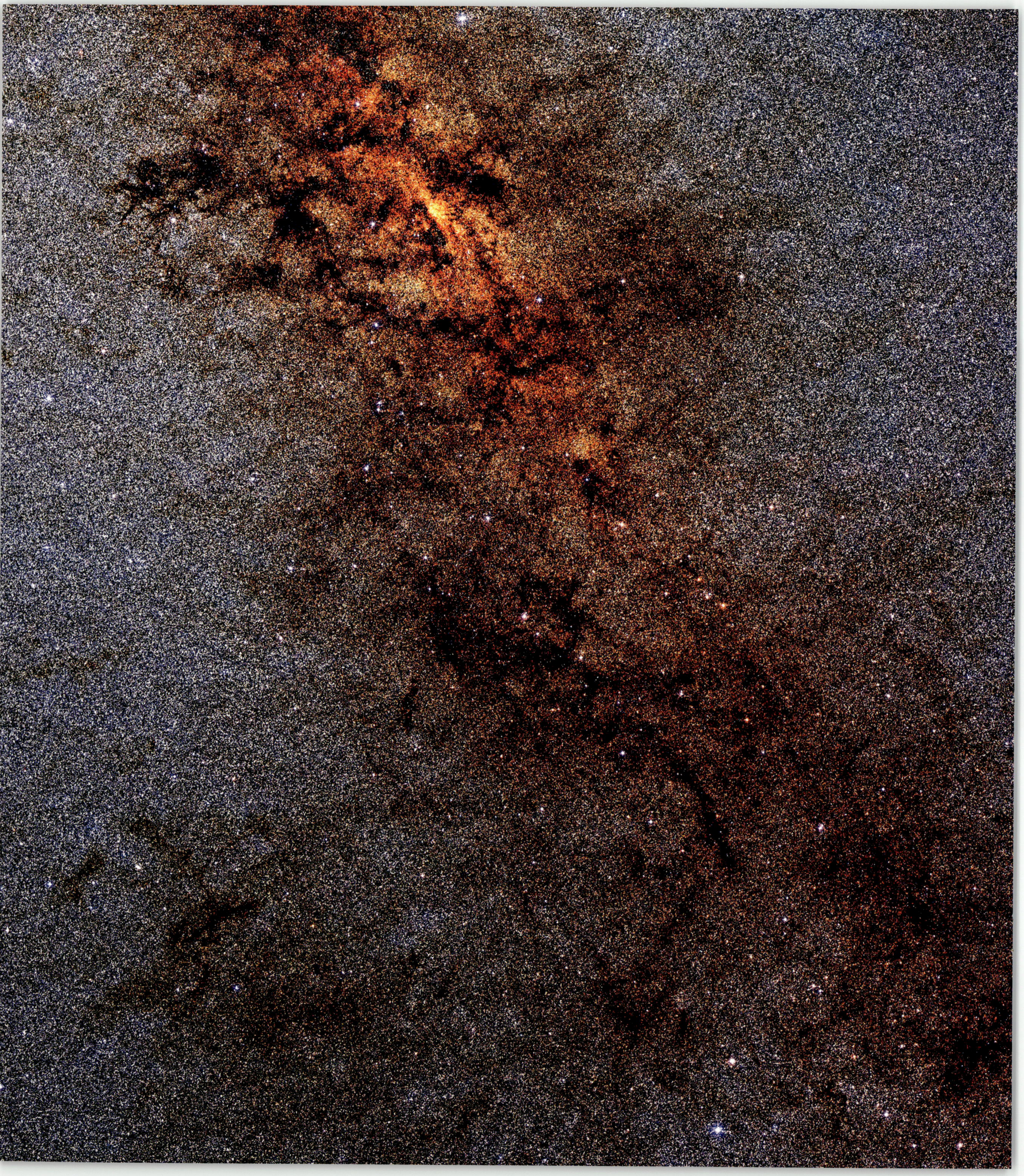

rätselhaften Dunklen Materie. Über die Hälfte der Masse unserer Galaxis befindet sich in dem ca. 10000 Lichtjahre breiten und 1000 Lichtjahre dicken Zentralgebiet. In diesem Kern aus dicht gepackten Sternen und Gas liegt der Mittelpunkt unserer Galaxis. Die gesamte Spiralgalaxie rotiert um das Zentrum, wobei die Geschwindigkeit mit steigender Entfernung zunimmt. Mit einem Abstand von etwa 28000 Lichtjahren zum Zentrum liegt unser Sonnensystem mehr im Mittelfeld, wo es mit ungefähr 900000 km/h rotiert.

Kurs auf das turbulente Zentrum

Von der Erde aus gesehen, liegt das Zentrum unserer Galaxis im Sternbild Sagittarius. Trotzdem können wir nicht einfach mit einem großen Teleskop einen Blick darauf werfen, weil dichte Ansammlungen aus Gas und Staub die Sicht stark beeinträchtigen. Zum Zentrum der Galaxie hin ist die Sterndichte eine Million mal höher als in der Umgebung unserer Sonne; innerhalb der Zentralregion wäre die Anzahl und Helligkeit der Sterne so groß, dass wir dort in ständigem Tageslicht leben würden.

Um die innersten Regionen unserer Galaxie zu erforschen, werden Infrarot-Teleskope eingesetzt, da sie Staubschleier zunehmend transparenter wiedergeben. Bei der Annäherung an das Zentrum bis auf wenige hunderte Lichtjahre ist die erste Überraschung die Entdeckung tausender massereicher, extrem heller Sterne, von denen einige sogar mehrere 100 Sonnenmassen besitzen und Milliarden mal mehr Energie abstrahlen. Sie liegen innerhalb sehr aktiver Sternentstehungszonen, die ganz enorme Energiequellen darstellen. Man nimmt an, dass diese massiven Sternhaufen nahezu zeitgleich in einem gigantischen Feuerwerk von Sterngeburten in der Frühphase unserer Galaxis entstanden sind und ein sehr kurzes Leben führen. Tatsächlich sind die innersten Bereiche der Milchstraße mit zahlreichen Supernovae-Überresten übersät.

Dank hervorragender, im Radiobereich aufgenommener Fotos können wir auch tiefer in jene unmittelbar um das eigentliche, Sagittarius A genannte galaktische Zentrum gelegenen Bereiche hineinblicken, wo Spuren heftiger Bewegungen gewaltiger Materiebänder und -ströme zu erkennen sind. Die innersten rund 100 Lichtjahre bilden eine turbulente Umgebung aus wirbelnden Gaswolken, starken Radioquellen und dichten Haufen aus Millionen von Sternen. Hüllenartige Gebilde und tausende kräftiger Röntgenquellen sind hier ebenfalls präsent und zeugen von zahllosen Supernova-Explosionen. All diese Aktivität deutet auf ein un-

Vorherige Doppelseite: Blick ins Zentrum unserer Galaxis in Richtung des Sternbilds Sagittarius. Im Infrarotbereich enthüllt diese faszinierende Aufnahme der 2MASS-Weltraummission unglaubliche 10 Millionen Sterne allein in diesem Ausschnitt, der am Nachthimmel ungefähr die Fläche von der Größe einer ausgestreckten Faust überspannt.

Dieser eindrucksvolle Sternhaufen unmittelbar beim Zentrum unserer Milchstraße besteht aus jungen, aber auch extrem instabilen, hellen Sternen, die auf ihr Ende als Supernovae zusteuern. Außerdem enthält er mit dem Pistolenstern den leuchtstärksten und massereichsten Stern der Galaxis.

heimliches Objekt im innersten Kern hin, das gigantische Energie zu erzeugen vermag.

Das „Biest" im Visier

Um das Rätsel des galaktischen Zentrums zu lüften, hat man die Bewegung einzelner Sterne im Umkreis von nur einem Lichtjahr um den Zentralpunkt präzise vermessen – eine sehr anspruchsvolle Aufgabe, denn es ist äußerst schwierig, durch die verhüllenden Staubwolken nadelfeine Sternlichtpunkte auszumachen. Mit riesigen Instrumenten wie dem 10-m-Keck-Teleskop auf Hawaii und dem NTT-Teleskop der Europäischen Südsternwarte auf dem chilenischen Berg La Silla ist es kürzlich gelungen, mehrere Sterne zu erfassen, die das Zentrum in geringer Entfernung umkreisen. Wie sich die Masse der Erde anhand der Bewegung unseres Mondes bestimmen lässt, so kann die Geschwindigkeit dieser Sterne Hinweise auf die Masse des von ihnen umkreisten Objekts liefern. Wie sich herausstellte, bewegen sich die Sterne mit bis zu 5 Millionen km/h, und da ihre Umlaufzeit nur wenige Jahrzehnte beträgt, muss es sich hierbei um ein sehr massives Objekt handeln.

Der Stern S2 ist besonders aufschlussreich. Mit in zehn Jahren gewonnenen Daten konnte man vor kurzem seine gesamte ellipsenförmige Umlaufbahn vermessen und so dokumentieren, wie seine Geschwindigkeit bei größter Annäherung an das galaktische Zentrum wächst und danach wieder abnimmt. Mit Hilfe dieser Ergebnisse haben Astronomen errechnet, dass das S2 herumschleudernde Objekt ungefähr die dreimillionenfache Sonnenmasse haben muss. Da sich diese enorme Masse innerhalb eines Bruchteils von einem Lichtjahr konzentriert, haben wir nun den zwingenden Beweis, dass es sich bei dem Objekt, das im Zentrum unserer Galaxie lauert, um ein supermassives Schwarzes Loch handelt. Das ist, als quetschte man knapp 3 Millionen Sterne wie unsere Sonne in einen Raum kleiner als unser Sonnensystem: Nur ein Schwarzes Loch kann eine derartige Materiedichte aufweisen.

Der NASA-Forschungssatellit *Chandra* hat vor kurzem die bislang tiefsten Röntgenbilder von diesem supermassiven Schwarzen Loch geschossen. Sie zeigen seltsame, kurzlebige Ausbrüche von Röntgenstrahlen unweit des Ereignishorizonts um das Schwarze Loch herum. Mächtige Blasen aus über 20 Millionen °C heißem Gas sind dort erkennbar und geben Aufschluss darüber, wie das Schwarze Loch mit Materie „gefüttert" wird.

Vorstoß ins Schwarze Loch

Schwarze Löcher sind äußerst bizarre Objekte, deren Gravitationsfeld so stark und deren umgebender Raum so extrem gekrümmt ist, dass nichts – nicht einmal Licht – von dort entweichen kann. Es gibt eine kritische Grenze zwischen dem Inneren eines

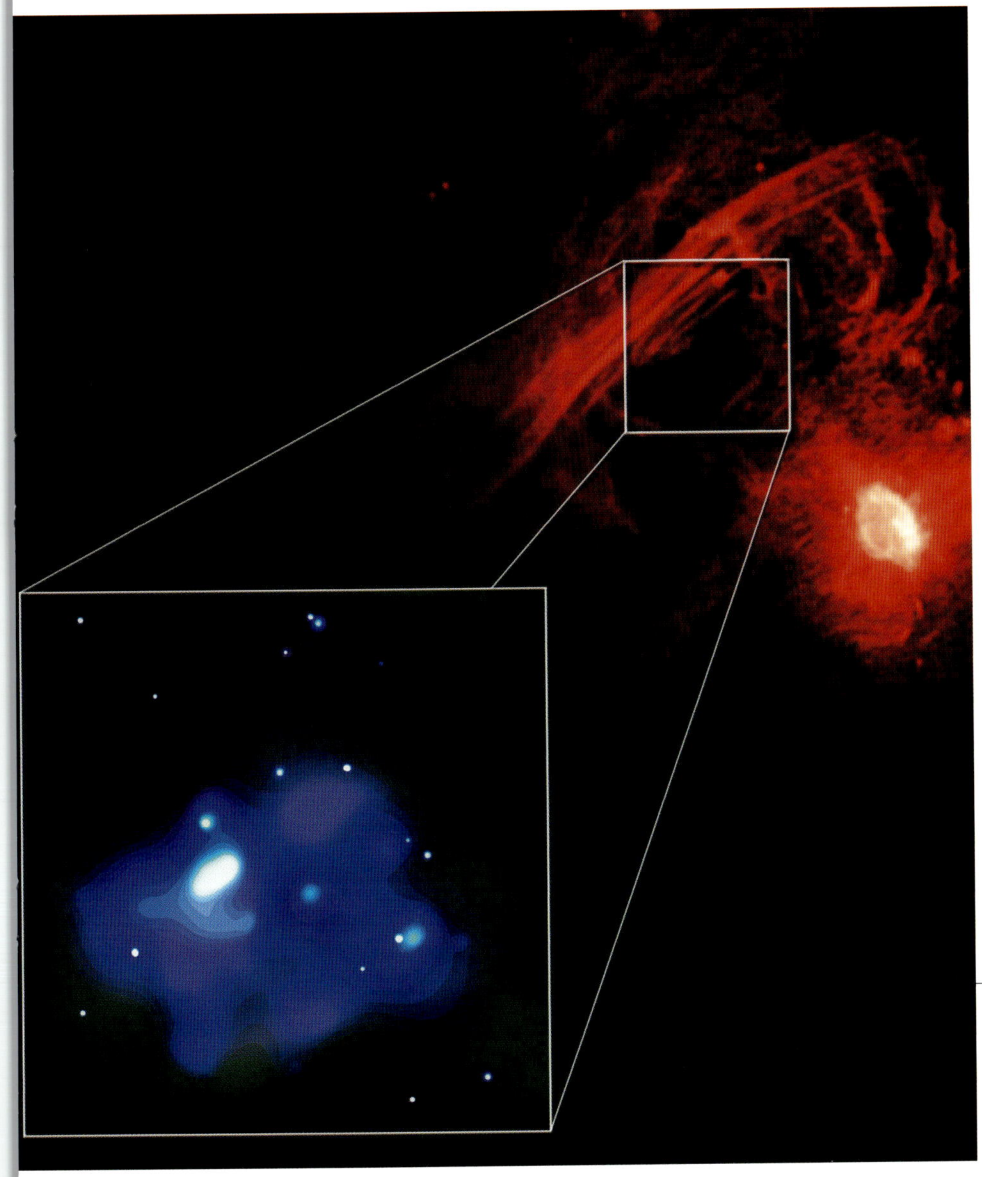

Die aufgewühlte Umgebung eines galaktischen Zentrums tritt in dieser Aufnahme im Radiowellenbereich (rot) deutlich hervor. Das Röntgenbild (blau) enthüllt zudem Filamente aus Millionen °C heißem Gas. Die Röntgenstrahlung entsteht, wenn hoch energetische Elektronen mit Wolken aus umgebendem kaltem Gas kollidieren.

Schwarzen Lochs und dem Rest des Universums draußen: Nichts, was sich innerhalb dieses „Ereignishorizonts" aufhält, kann je daraus entkommen. Man kann ihn sich als einseitig durchlässige Membran vorstellen, durch die Materie und Energie zwar in das Schwarze Loch fallen können, jedoch in umgekehrter Richtung nichts entweichen kann. Materie, die den Ereignishorizont durchschritten hat, bleibt für alle Zeiten gefangen. Je größer die Masse des Schwarzen Lochs, desto größer ist auch der Ereignishorizont. Bei dem Schwarzen Loch mit der dreimillionenfachen Sonnenmasse im Zentrum unserer Milchstraße beträgt dieser Radius nur etwa die fünfzigfache Entfernung zwischen Erde und Sonne, angesichts der galaktischen Maßstäbe eine geradezu winzige Distanz.

Die stürmischen Radio- und Röntgenemissionen, die uns aus Sagittarius A erreichen, werden übrigens von Materie abgestrahlt, während sie auf den Ereignishorizont zustürzt, seine Grenze aber noch nicht überquert hat. Einfallendes Gas wird erhitzt, während es das massereiche Schwarze Loch rasend schnell umkreist, und dann vor Erreichen des Ereignishorizonts teilweise weggeschleudert wird. So entziehen diese heftigen Materieausbrüche dem Schwarzen Loch einen Teil der Materie, die es hätte verschlingen können. Gewiss mag sich das Schwarze Loch im Zentrum unserer Galaxie mit seinen 3 Millionen Sonnenmassen eindrucksvoll anhören und doch ist es vergleichsweise mickrig: Im nächsten Kapitel werden wir sehen, dass manche Galaxien Schwarze Löcher enthalten, die 1000-mal massereicher sind.

Obwohl weit gehend Einigkeit darüber besteht, dass fast alle großen Galaxien im Zentrum ein Schwarzes Loch besitzen, wird noch darüber gestritten, wie supermassive Exemplare wie das in unserer Milchstraße entstehen konnten. Eine Theorie besagt, dass ein ursprünglich durch den Kollaps mehrerer massereicher Sterne entstandenes Schwarzes Loch im Zentrum durch den stetigen Zustrom von Materie, die von umliegenden Sternen abgestoßen wird, immer weiter anschwillt. Einer anderen Theorie zufolge könnte ein zentrales Schwarzes Loch infolge der Verschmelzung der Kerne von zwei kleineren Galaxien nach einer direkten Kollision an Masse gewinnen.

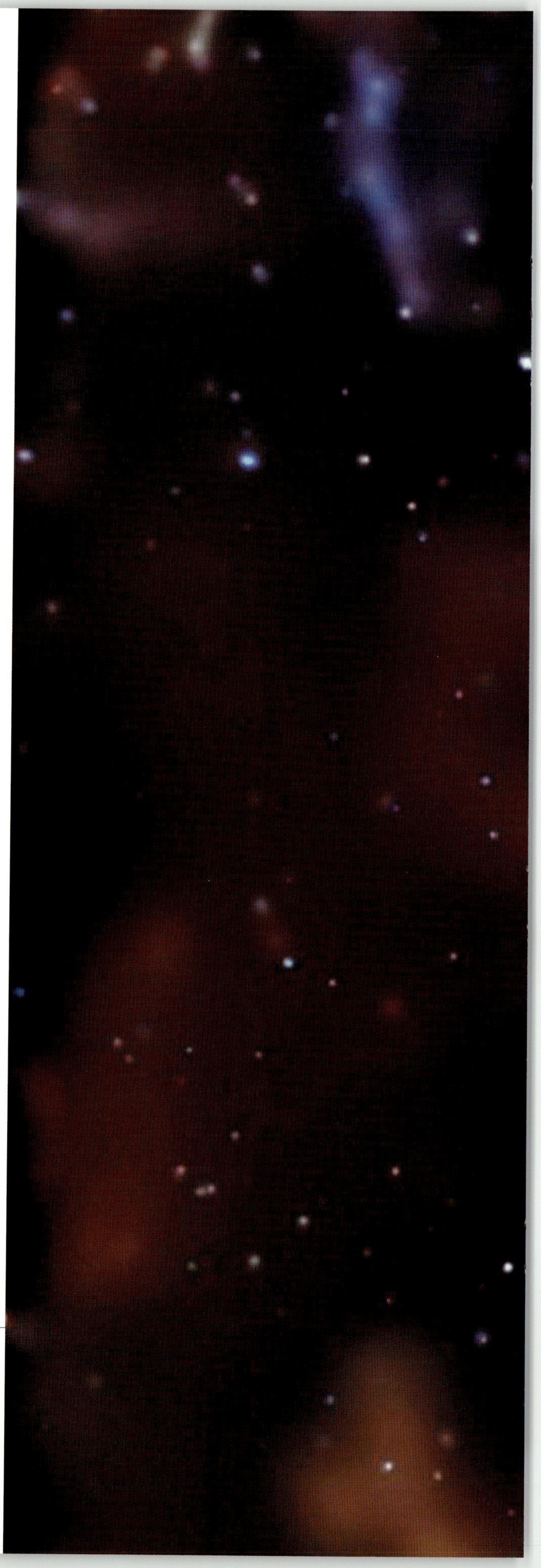

Röntgenbild des *Chandra*-Satelliten von der innersten Zentralregion unserer Galaxis, welche das Objekt Sagittarius A umgibt. Über die Intensität der mehr als 200 Röntgenquellen in dieser Region wurde die Masse des supermassiven Schwarzen Lochs im Zentrum der Milchstraße eingegrenzt.

Quasare, die Megakraftwerke

Quasare sind die hellsten, strahlungsintensivsten und energiereichsten bekannten Objekte im Universum. Sie bevölkern die Zentren aktiver junger Galaxien und können bis zum Tausendfachen der Energie unserer gesamten Milchstraße abgeben. Diese intensive Strahlung ist über ein breites elektromagnetisches Spektrum von energiearmen Radiowellen bis hin zu energiereichen Gammastrahlen registrierbar. Bemerkenswert an diesem Prozess ist, dass die unglaubliche Energiemenge in einer Region erzeugt wird, die kaum größer als unser Sonnensystem ist. Zum Vergleich mag ein Taschenlampenbirnchen dienen, das die gleiche Lichtmenge produziert wie die Gebäude in einer ganzen Stadt.

Es gilt inzwischen als gesichert, dass der Motor, der die immense Energieabgabe bewirkt, ein rotierendes, supermassives Schwarzes Loch im Zentrum des Quasars ist. Messungen der vom Quasar abgebenen Strahlungsenergie lassen darauf schließen, dass die Masse des unfassbaren Schwarzen Lochs eine Milliarde Sonnenmassen beträgt. Quasare sind so leuchtstark, dass sie über enorme Distanzen zu sehen sind; von den fernsten trennen uns mehr als 12 Milliarden Lichtjahre. Das bedeutet, dass wir sie zu der Zeit sehen, als das Universum noch keine zehn Prozent seines heutigen Alters hatte. Quasare liefern daher wertvolle Hinweise auf die Frage, wie sich leuchtende Materie im frühen Universum verteilte, und dienen uns als „Scheinwerfer", die Materie in den Tiefen des dunklen intergalaktischen Raums erhellen. Quasare sind außerdem die stärksten bekannten Röntgenquellen, und die Erforschung dieser Strahlungsart mit moderner Technik wie satellitengestützten Teleskopen liefert neue Einblicke in die extrem turbulente Umgebung, welche die zentralen Schwarzen Löcher der Quasare umgibt.

Ein Quasar ist ein so heller, alles andere überstrahlender Teil einer Galaxie, dass sich das Aussehen der gesamten Wirtsgalaxie meist nur schwer bestimmen lässt. Wie man die äußere Korona der Sonne nur während einer Sonnenfinsternis beobachten kann, lassen sich auch die Nachbarregionen eines Quasars nur richtig beobachten, indem man das Licht aus dem Kern mit Hilfe spezieller „Koronografen" abschattet. Mit der „Advanced Camera" des Hubble-Weltraumteleskops wurde die Umgebung des bekannten Quasars 3C273 fotografiert und sein Licht mit einem Bordkoronografen abgedeckt. Die nun erkennbare Wirtsgalaxie zeigte sich komplexer als zuvor angenommen: Inmitten angedeuteter spiralförmiger Strukturen ähnlich den Armen unserer Galaxie fanden sich dunkle Staubbänder sowie Klumpen aus heißem Gas, die in schnellen Materiejets ausgespien wurden.

Neue Aufnahmen belegen enorme Unterschiede hinsichtlich Größe, Helligkeit und Gestalt von Quasar-Wirtsgalaxien. Sie haben oftmals sehr kompakte, enge Begleiter, was die Wahrscheinlichkeit heftiger Wechselwirkungen erhöht. Die komplexe Vielfalt an Galaxientypen wirft die Frage auf, ob es vielleicht mehrere Mechanismen zur „Zündung" des zentralen Quasars gibt.

Für diese Ansicht der aktiven Galaxie Centaurus A wurden Einzelbilder im Röntgen-, Radio- und optischen Spektrum überlagert. Jets aus hoch energetischen Partikeln schießen aus einem supermassiven Schwarzen Loch. Die Galaxie umgibt ein 25000 Lichtjahre großer Ring aus ultraheißem Gas.

Futter für das Schwarze Loch

Die Leuchtkraft eines Quasars hängt davon ab, wie groß die Masse des Schwarzen Lochs in seinem Zentrum ist und wie schnell es Materie verschlingen kann. Aufgrund der gewaltigen Lichtabstrahlung müssen große Mengen Gas in das supermassive Schwarze Loch stürzen, dessen typische stetige „Nahrungszufuhr" dem Verzehr mehrerer Sonnenmassen pro Jahr entspricht. Und wie hat man sich das „Fütter- und Essverhalten" von Quasaren vorzustellen? Der supermassive Motor im Zentrum ist von einer flachen, ringförmigen Zone umgeben, der „Akkretionsscheibe", einem brodelnden Kessel aus heißem Gas, durch den Materie auf immer engeren Bahnen in das Schwarze Loch strudelt wie Wasser in den Abfluss einer Badewanne. Die Akkretionsscheibe ist meist nur wenige Male so groß wie unser Sonnensystem, also winzig im Vergleich zu den Gesamtdimensionen einer Galaxie. Wenn die Materie aus Sternen, Staub und Gas dichter auf das Schwarze Loch des Quasars zustrudelt, rotiert sie immer schneller und wird dabei komprimiert. Durch dabei entstehende Reibungshitze der Materieteilchen steigt die Temperatur des Gases auf mehrere Millionen °C an. In den innersten Bereichen der Scheibe strahlt die ultraheiße Materie ungeheure Mengen Energie ab. Sie wird in starke Röntgen-, Radio- und optische Strahlung umgewandelt, die wir auf der Erde empfangen.

Superschnelle Jets

Erstaunlicherweise wird beim Einsaugen von Materie in das supermassive Schwarze Loch eines Quasars durch die strudelartige Akkretionsscheibe auch ein Teil des Gases in energiereichen, extrem schnellen Jets weggeblasen. Sie verlassen die Galaxie als stark gebündelte Strahlen mit annähernd Lichtgeschwindigkeit und wurden schon in Längen von mehreren Dutzend Lichtjahren beobachtet. Momentan versucht die Wissenschaft zu verstehen, wie Materie so heftig aus dem Kern des Quasars herausgeschleudert werden kann und wie die Jets mit ihrer Umgebung interagieren.

Die mit unvorstellbarer Geschwindigkeit ausgeworfene Materie enthält sehr heißes Gas, das im Röntgenbereich strahlt. Dank

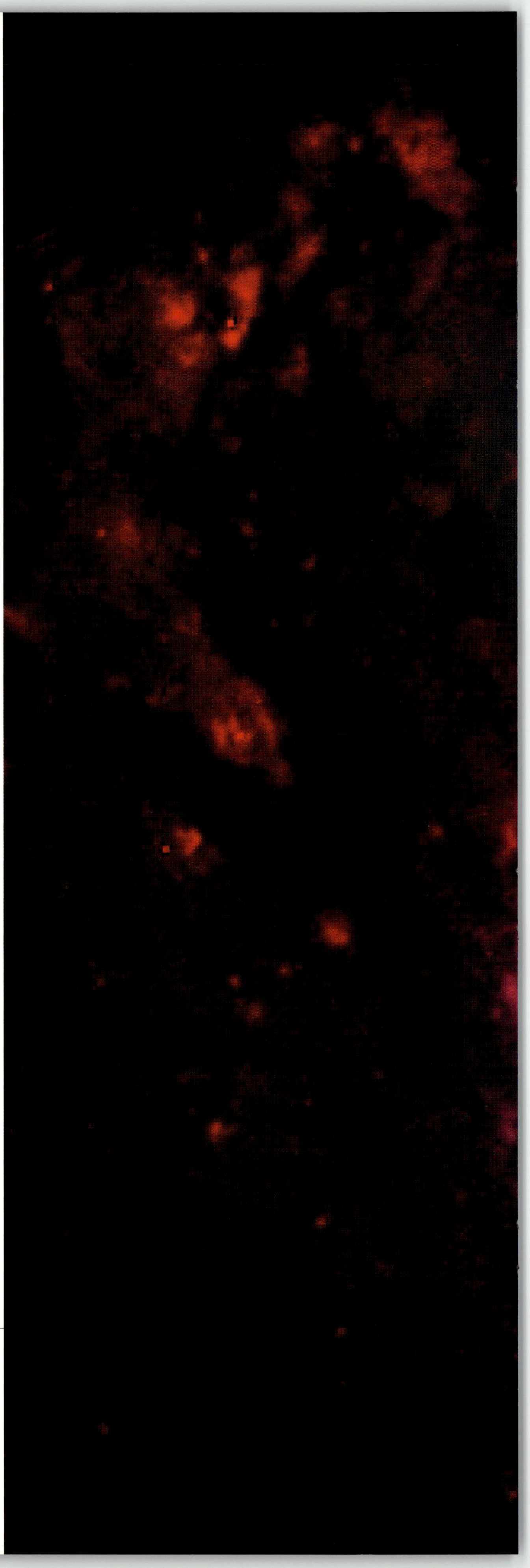

Diese Röntgenaufnahme des NASA-Satelliten *Chandra* enthüllt den hochaktiven Kern der Galaxie NGC1068. Aus der Umgebung eines supermassiven Schwarzen Lochs schießt unvorstellbar heißes Gas mit sagenhaften 1,5 Millionen km/h.

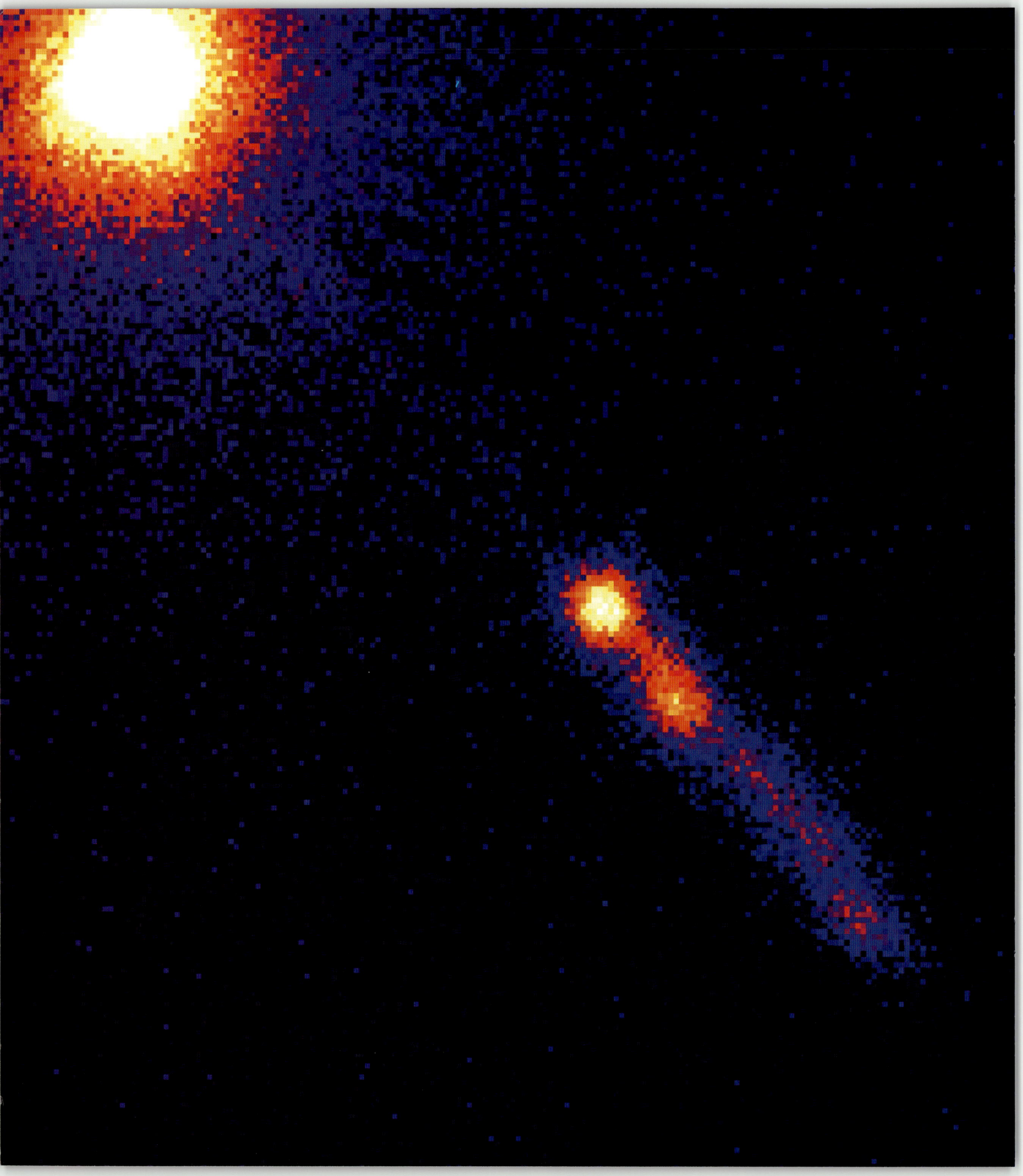

des NASA-Röntgenobservatoriums *Chandra* konnte die explosive Natur dieser Jets enthüllt werden. So ist zum Beispiel der vom Quasar 3C273 ausgehende Jet kein glatter Strahl, sondern enthält Klumpen aus Gas. Die Länge des Jets und die knotenförmig auftretende Röntgenemission deuten auf eine unregelmäßige, schwankende Aktivität in direkter Nähe des zentralen supermassiven Schwarzen Lochs hin. Der Jet entspringt aus Gas, das unter extremem Druck steht, da es in der rotierenden Scheibe um das Schwarze Loch in aberwitzigem Tempo kreist.

Die Kombination aus einfallender Materie, wirbelnder Bewegung und extremen Energien bringt noch andere bizarre Formen von Materieausbrüchen hervor. So gelangen mit dem HST Aufnahmen des Kraftwerks im Zentrum der 50 Millionen Lichtjahre entfernten Galaxie NGC4438, das riesige Blasen aus heißem Gas ins All feuert. Die Materie wird hier im Rahmen der „Fressgewohnheiten" des massereichen Schwarzen Lochs ausgespien. Die mit 800 Lichtjahren Durchmesser riesengroßen Gasblasen werden sich noch weiter aufblähen, bis sie schließlich platzen und in der Umgebung der Außenbereiche von NGC4438 aufgehen. Ein weiteres, vom Röntgensatelliten *Chandra* entdecktes Beispiel zeigt einen gewaltigen Materieauswurf aus dem supermassiven Schwarzen Loch im Zentrum der Galaxie NGC1068. Man erkennt eine ausgedehnte Gaswolke, die von einer ringförmigen Zone aus kühlerem Material umgeben ist. Der energiereiche Wind hat eine Temperatur von rund 10 000 °C und breitet sich mit etwa 1,6 Millionen km/h aus.

Unterm Strich gleicht das Bild eines Quasars einem auf die Zentralregion einer jungen Galaxie beschränkten, hyperaktiven Bienenstock. Antriebsmotor für all diese Energie, Strahlung und Materieausbrüche ist ein Schwarzes Loch, dessen Masse der einer ganzen normalen Galaxie entspricht, dessen räumliche Ausdehnung allerdings gerade mal die Größe unseres Sonnensystems hat. Dieses „Monster" wird durch eine schnell rotierende Scheibe aus Gas und Staub ernährt. Etwas außerhalb dieses Zentrums folgt eine Ansammlung kühlerer, langsamerer Gaswolken. Dieses Wolkensystem ist von einem ca. 100 Lichtjahre großen, doughnutförmigen Ring aus noch kühlerem Gas und Staub umgeben. Da der Ring von der Seite betrachtet anders aussieht als von oben, weist ein Quasar in Abhängigkeit von seiner Raumlage in Bezug zu unserer Position auch unterschiedliche Eigenschaften und Merkmale auf.

Wie alt werden Quasare?

Quasare sind zu enormer Energieproduktion imstande, jedoch wird angenommen, dass eine derart hohe Abstrahlung nur kurze Zeit im Leben einer Galaxie aufrechterhalten werden kann. Eine direkte Konsequenz der Jets, Blasen und anderer Massenauswürfe ist, dass sie der Akkretionsscheibe Materie aus der Randzone des Schwarzen Lochs entziehen. Es wird vermutet, dass sich schließlich ein Spalt in der rotierenden Scheibe bildet, der die Nahrungszufuhr zum Schwarzen Loch wirksam unterbricht und damit dessen Energieerzeugung bremst. Für den Rest ihres Lebens wäre dann die Aktivität im Kern der Galaxie deutlich geringer als in ihrer Jugend. Perioden mit verstärkter Aktivität und Ausbrüchen

Nahezu mit Lichtgeschwindigkeit schießt hier ein gewaltiger Jet aus dem Quasar 3C273. Die neuen Röntgenbilder offenbaren die klumpig-fragmentierte Struktur der Jets, die man bislang für glatte, stetig fließende Strahlen aus gasförmiger Materie gehalten hat.

sind dennoch weiterhin möglich, wenn etwa die Quasargalaxie so mit einer anderen Galaxie kollidiert und verschmilzt, dass der Akkretionsscheibe erneut Materie zugeführt wird. Mit anderen Worten können galaktische Kollisionen einen Quasar erneut zünden.

Die Tatsache, dass Quasare ausnahmslos extrem weit von uns entfernt sind, stützt die Theorie, dass sie die frühesten Phasen im Leben einer Galaxie verkörpern. Es ist denkbar, dass alle Galaxien in ihrer Jugend eine sehr aktive Periode durchlaufen, angetrieben durch massereiche Schwarze Löcher im Zentrum (wobei nicht alle einen energiereichen Quasar enthalten müssen). Wenn ihren Schwarzen Löchern im Laufe von Jahrmilliarden allmählich die Nahrungszufuhr ausgeht, werden die Galaxien vergleichsweise ruhig und normal wie jene großen spiral- oder ellipsenförmigen Strukturen, die wir heute relativ nahe bei uns sehen. Ihre einst hyperaktiven Kraftzentralen ruhen jetzt in einer Art Dämmerzustand. Unsere Milchstraße war vermutlich nie Wirtsgalaxie für einen Quasar. Höchstwahrscheinlich hatte sie eine energetische Jugend, aber sie besitzt wie erwähnt nur ein relativ bescheidenes Schwarzes Loch von etwa 3 Millionen Sonnenmassen.

Quasare werden in gewaltiger Entfernung beobachtet, in näherer Umgebung sind sie relativ selten – ein Indiz dafür, dass sie im jungen Universum weit häufiger vorkamen. Dieser frühe Reichtum deckt sich mit der Theorie, dass der Quasar „sich abschaltet", sobald das Schwarze Loch allen vorhandenen Brennstoff verbraucht hat, da im frühen Universum vermutlich mehr Materie frei verfügbar war. Damit wird deutlich, dass Entstehung und Entwicklung von Quasaren, supermassiven Schwarzen Löchern und Galaxien in engem Zusammenhang stehen.

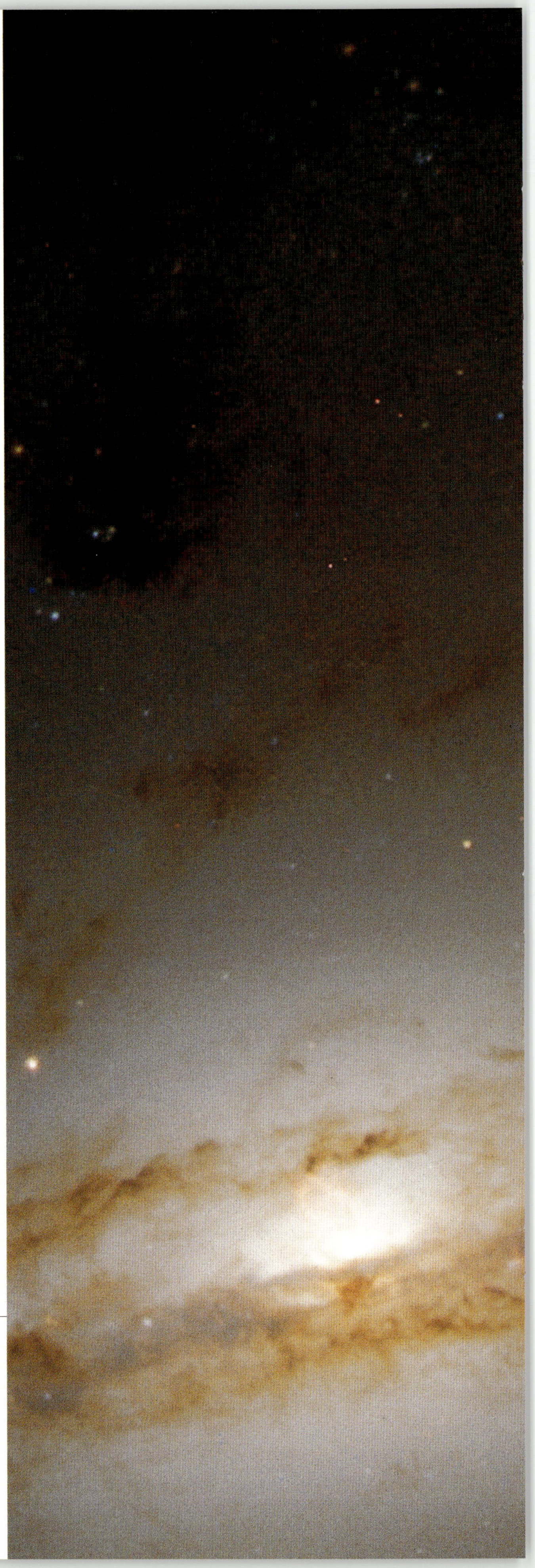

Im Kern der 50 Millionen Lichtjahre entfernten aktiven Galaxie NGC4438 im Sternbild Virgo befindet sich ein supermassives Schwarzes Loch. Die präzise Aufnahme des HST zeigt riesige Blasen aus heißem Gas, die aus der turbulenten Akkretionsscheibe rings um das gierige Zentralobjekt herausschießen.

Vorstoß in die Mysterien galaktischer Halos: Ein tiefer Blick in den sphärischen Sternhalo, der die 2,5 Millionen Lichtjahre entfernte Andromeda-Galaxie umgibt. Neben der Entdeckung von 300 000 neuen Halosternen zeigt die scharfe Aufnahme des Hubble-Teleskops auch etliche Milliarden Lichtjahre entfernte Hintergrundgalaxien.

Rätsel und Exotika

Die Astronomie ist eine Geschichte ohne Ende. Riesenteleskope, Berechnungen und Computersimulationen bringen unser Wissen mit großen Schritten voran, stellen uns aber auch vor neue, verwirrende Probleme. Das Weltall steckt voll merkwürdiger und kaum verstandener Phänomene. Einige der größten Herausforderungen und Rätsel werden im Folgenden beschrieben. Zunächst die erstaunliche Erkenntnis, dass ein beträchtlicher Teil des Universums aus schwer fassbarer Dunkler Materie besteht, die sich unseren Teleskopen entzieht. Der Wettlauf um ihre Identifizierung mittels detaillierter Fotos des fernen Universums und durch modernste Detektoren, die tief im Bauch der Erde aufgebaut sind, hat begonnen. Sodann wird das Universum von Gammastrahlenausbrüchen aus Quellen in fernen Galaxien erschüttert. Jeder dieser Blitze kann in Sekunden mehr Energie freisetzen als unsere gesamte Galaxis in einem Jahrzehnt. Wissenschaftler arbeiten auch daran, ein 3-D-Modell des Universums zu entwerfen. Ausgedehnte Himmelsdurchmusterungen von Millionen Galaxien ergaben ein „schwammiges" Universum, das durch riesige Flächen mit Galaxienhaufen gekennzeichnet ist, die sich über Millionen Lichtjahre erstrecken und von noch größeren Hohlräumen oder Löchern umgeben sind. Eine Entdeckung der letzten Jahre ist schließlich, dass sich das Weltall immer schneller ausdehnt. Dieser kosmischen Beschleunigung könnte eine mysteriöse, der Schwerkraft entgegenwirkende Dunkle Energie zugrunde liegen.

Diese majestätische Spiralgalaxie liegt 100 Millionen Lichtjahre weit entfernt im Sternbild Leo. Messungen der Rotationseigenschaften von Spiralgalaxien liefern wertvolle Hinweise darauf, wie viel Dunkle Materie in den gewaltigen Halos ihrer Umgebung enthalten ist.

Die Jagd nach der Dunklen Materie

Durch unabhängige Experimente und Methoden ist die Wissenschaft zu der verblüffenden Erkenntnis gelangt, dass das Weltall zu über 90 Prozent in einer für uns verborgenen Form existiert. Eine wichtige Komponente dieses rätselhaften Universums erhielt folgerichtig die Bezeichnung Dunkle Materie. Sie ist nicht direkt sichtbar, da sie entweder in keinem Wellenbereich des elektromagnetischen Spektrums Strahlung abgibt oder für den Nachweis mittels heutiger Technik zu lichtschwach ist. Dennoch wissen wir, dass Dunkle Materie existiert, weil sie Schwerkraftwirkung auf Sterne und Galaxien ausübt. Sie ist eine unsichtbare Gravitationsquelle, erheblich massereicher als die leuchtende Materie, die wir rings um uns sehen.

Stellare Ruinen wie kollabierte Weiße Zwerge, Neutronensterne oder Schwarze Löcher kommen als mögliche Bestandteile der Dunklen Materie in Betracht, weil solche Objekte, sofern sie vollkommen isoliert im Weltraum stehen, extrem lichtschwach und nicht zu orten sind. Ein bedeutender Teil der Dunklen Materie liegt eventuell in Form fremdartiger Teilchen vor, die sehr viel kleiner als ein Atom sind und 100000-mal weniger als ein Elektron wiegen. Obschon diese Partikel in gigantischer Zahl existieren dürften, findet kaum eine Wechselwirkung zwischen ihnen und der gewöhnlichen Materie statt und in einigen Fällen bleiben sie mangels Labornachweis vorläufig hypothetischer Natur. Hier sehen wir Wissenschaftlern über die Schulter, die Beweise für die Existenz beträchtlicher Mengen Dunkler Materie sammeln, und verfolgen die Schritte, mit denen sie Formen und Auswirkungen Dunkler Materie aufzudecken versuchen. Unsere Kenntnis darüber beeinflusst direkt unser Wissen über die Entstehung und das Schicksal des Universums.

Rotierende Galaxien

Spiralgalaxien wie unsere Milchstraße bestehen aus einer um ihr Zentrum rotierenden Scheibe aus Sternen, Gas und Staub. So benötigt zum Beispiel unsere Sonne für einen vollständigen Umlauf um die Galaxis 200 Millionen Jahre. Spiralgalaxien rotieren nicht wie eine riesige feste Platte, vielmehr bewegen sich ihre Sterne, abhängig von ihrem Abstand zum Zentrum, unterschiedlich schnell. Durch präzise Messung der Rotationsgeschwindigkeit einer Galaxie in verschiedenen Entfernungen von ihrem Kern kann man viel über deren Masseeigenschaften erfahren.

Im Zusammenhang mit der Rotationsgeschwindigkeit von Spiralgalaxien gibt es höchst befremdliche Beobachtungen. Die Sterne in einer Galaxie sollten ähnlich um das galaktische Zentrum kreisen wie die Planeten unseres Sonnensystems um die Sonne. Je weiter ein Stern vom Zentrum entfernt ist, desto langsamer müsste er sich folglich bewegen (wie etwa Neptun viel mehr Zeit für einen Sonnenumlauf benötigt als Merkur). Messungen bei Galaxien ergaben jedoch, dass ihre äußeren Regionen nicht wie erwartet langsamer rotieren. In der Milchstraße müssten Sterne mit rund 50000 Lichtjahren Abstand zum Zentrum die-

Ein Blick ins Zentrum des Kugelsternhaufens 47 Tucanae, der Gruppen 12 Milliarden Jahre alter Sterne enthält und im Halo unserer Milchstraße liegt. Das Licht einiger Sterne in 47 Tucanae kann kurzfristig durch den Transit von jupiterähnlichen Braunen Zwergen im Vordergrund verstärkt werden. Solche Gravitationslinseneffekte zeigen, dass auch Braune Zwerge zur Dunklen Materie beitragen.

ses mit 540 000 km/h umkreisen, falls sie sich wie Planeten unseres Sonnensystems verhielten. Tatsächlich bewegen sich Sterne in dieser Entfernung aber mit 990 000 km/h. Selbst wenn man alle sichtbare Materie (Staub, Sterne und Gas) addiert, reicht die Gesamtmasse nicht aus, um die äußersten Sterne unserer Galaxis auf so hohen Bahngeschwindigkeiten zu halten. Bei diesem Tempo müssten sie eigentlich wegfliegen und die Galaxis zerreißen.

Die Erklärung hierfür kann nur lauten, dass diese äußersten Sterne durch die Gravitation von zusätzlicher, unsichtbarer Materie auf Kurs gehalten werden: Die Galaxien müssen von enormen Mengen Dunkler Materie umhüllt sein, die sich weder mit Radio-, Infrarot-, Röntgen- noch mit optischen Teleskopen beobachten lassen. Messungen unserer Milchstraße deuten an, dass nur zehn Prozent der Gesamtmasse in Form von Sternen, Gas und Staub vorliegen; 90 Prozent sind demnach Dunkle Materie. Sie ist in riesigen Halos verteilt, von denen alle Galaxien im Universum umgeben sind.

Es gibt, wie erwähnt, mehrere Möglichkeiten, woraus die Dunkle Materie in Galaxien bestehen könnte. Vor kurzem wurden eindeutige Beweise für „misslungene Sterne", so genannte Braune Zwerge, entdeckt, Sterne, deren Masse weniger als zehn Prozent der Sonnenmasse beträgt und deshalb nicht ausreicht, um nukleare Reaktionen im Kern auszulösen. Sie sind daher sehr lichtschwach und schwer zu beobachten. Obwohl viele Braune Zwerge in den Halos der Spiralgalaxien treiben könnten, dürfte ihre Zahl kaum genügen, um die eigentümliche Rotation von Galaxien vollständig zu erklären.

Fehlende Masse in Galaxienhaufen

Wie wir festgestellt haben, sind Galaxien im Universum nicht wahllos verteilt, sondern durch Gravitationskräfte in großen Gruppen oder Haufen gebunden. Ein solcher Haufen kann aus hunderten oder tausenden Einzelgalaxien bestehen. Der rund 300 Millionen Lichtjahre entfernte Comahaufen ist ein typisches Beispiel. Er enthält über 10 000 Galaxien, darunter elliptische, Spiral- und Zwergtypen, und hier finden zahlreiche Kollisionen und Ver-

Die Auswirkungen des Gravitationslinseneffekts sind auf dieser Hubble-Aufnahme des über 2 Milliarden Lichtjahre entfernten Galaxienhaufens Abell 1689 erkennbar. Aufgrund der schwerkraftbedingten Lichtablenkung durch Abell 1689, der wie eine Riesenlupe mit 2 Millionen Lichtjahren Durchmesser wirkt, rücken hunderte Hintergrundgalaxien in weit größerem Abstand als verwaschene und verzerrte Objekte ins Bild.

schmelzungen statt. Wie stark sich einzelne Galaxien in einem Haufen gegenseitig beeinflussen, hängt von ihrer Masse und der des gesamten Haufens ab. Gründliche Studien solch galaktischen Verhaltens innerhalb eines Haufens ermöglichen die Berechnung seiner Gesamtmasse. Mithilfe des Gravitationslinseneffekts können Astronomen auch Präsenz und Masse von Dunkler Materie bestimmen, da sie ebenfalls eine Schwerkraft besitzt und somit das Licht ablenken und Gravitationslinsen bilden könnte. Genau dies geschieht in dem über 2 Milliarden Lichtjahre entfernten Galaxienhaufen Abell 1689. Aufnahmen des Hubble-Weltraumteleskops belegen, wie die Schwerkraft zahlreicher Galaxien zusammen mit der unsichtbaren Dunklen Materie als mächtige Gravitationslinse mit mehr als 2 Millionen Lichtjahren Durchmesser wirkt. Dieses Objekt biegt und verstärkt das Licht von Galaxien, die sich über 10 Milliarden Lichtjahre dahinter befinden. Diese jungen Galaxien erscheinen als Lichtbögen und -flecken, die das Bild von Abell 1689 überlagern. Da Art und Anzahl dieser Bögen davon abhängen, wie die Masse innerhalb der Gravitationslinse selbst verteilt ist, geben sie uns Aufschluss darüber, wie viel Dunkle Materie vorhanden sein muss. Bei Abell 1689 lässt sich sogar die Verteilung der Dunklen Materie innerhalb des Haufens kartieren.

Galaxienhaufen enthalten auch ultraheißes Gas, das enorme Mengen hochenergetischer Strahlung abgibt. Röntgenbilder von diesem Gas ergaben kürzlich, dass das heiße Medium durch Dunkle Materie an Ort und Stelle gehalten wird; dadurch kann es sich nicht im Haufen ausbreiten und so schneller abkühlen. Galaxienhaufen erweisen sich als hervorragende Laboratorien, um die Eigenschaften Dunkler Materie zu untersuchen.

Die kosmische Gravitationslinse dieses 4,5 Milliarden Lichtjahre entfernten Galaxienhaufens lieferte die Basis für diese einmalige Karte leuchtender Galaxien (rot) und der vorhergesagten Verteilung von Dunkler Materie (blau), die den Haufen gravitativ zusammenhält.

Geisterhafte Partikel von der Sonne

Obgleich lichtschwache und unsichtbare Objekte wie Braune Zwerge und Schwarze Löcher zweifellos einen Teil der fehlenden Masse in Galaxien und Galaxienhaufen erklären, trifft dies auf die Dunkle Materie nicht in vollem Umfang zu. Die Wissenschaftler sind sich einig, dass die Dunkle-Materie-Komponente des Universums zu einem beträchtlichen Teil aus schwer fassbaren Teilchen bestehen muss, die kleiner als Atome sind und gewöhnliche Materie mühelos passieren können. Diese als WIMPS („weakly interacting massive particles") bezeichneten Partikel haben vermutlich eine winzige Masse, die deutlich unter der von Atomen liegt. Man geht davon aus, dass unvorstellbare Mengen solcher WIMPS und anderer geheimnisvoller Teilchen zusammen den Großteil der fehlenden Materie im Universum ausmachen. Daher konzentriert man sich jetzt auf diese geisterhaften Partikel.

Einer der jüngsten Vorstöße betraf die so genannten Neutrinos. Diese sich mit annähernd Lichtgeschwindigkeit bewegenden Teilchen sind Elektronen ähnlich, haben aber keine elektrische Ladung. Neutrinos sind extrem häufig – Milliarden von ihnen rasen in jeder Minute durch uns hindurch, doch nur ein oder zwei reagieren im Laufe unseres Lebens mit Materie in unserem Körper. Wissenschaftler haben faszinierende Experimente durchgeführt, um herauszufinden, ob Neutrinos überhaupt eine Masse besitzen; denn wären sie (wie Lichtphotonen) masselos, würden sie in keiner Weise zur Erklärung der Dunklen Materie beitragen.

Unsere Sonne ist eine nahe und intensive Neutrinoquelle. Dort werden diese Teilchen bei nuklearen Fusionsreaktionen im Kern gebildet. Aufgrund ihrer sehr geringen Wechselwirkung mit dem Gas in der Sonne können sie mühelos nach außen dringen. Schätzungen zufolge durchschlagen jede Sekunde mehr als zehn Billionen Neutrinos pro Quadratmeter die Erde! Die Kunst besteht nun darin, einige Neutrinos einzufangen und ihre verschwindend geringe Masse zu bestimmen.

Einen gewissen Erfolg konnten Wissenschaftler an einem eigens gebauten Neutrino-Detektor namens Sudbury Neutrino Observatory (SNO) in Ontario verbuchen. Er besteht aus einem 30 m hohen Tank, der mit 1000 t hochreinem (schwerem) Wasser gefüllt ist und tief im Inneren einer ehemaligen Mine steht. Die SNO-Instrumente sind darauf geeicht, die seltenen, durch von der Sonne stammende Neutrinos verursachten Wechselwirkungen als spezielle Lichtblitze zu registrieren. Die jüngsten Ergebnisse des SNO haben gezeigt, dass Neutrinos von der Sonne zu anderen Typen mutieren und unterwegs ihre Eigenschaften ändern. Dieser Wechsel von einem Neutrinotyp zu einem anderen ist ein komplizierter Vorgang und nur möglich, wenn die Partikel nicht masselos sind.

Die Schlussfolgerung aus Hightech-Versuchsanlagen wie dem SNO lautet, dass Neutrinos tatsächlich eine winzige Masse besitzen, jedoch erweist sich ihre exakte Bestimmung als schwierig. Selbst wenn die Masse eines Neutrinos nur ein Zehntausendstel deren eines Elektrons betrüge, wäre dies bedeutsam, weil Neutrinos in so riesigen Mengen im All vorkommen. Je nachdem, welche Masse für Neutrinos künftig ermittelt wird, könnten sie einen beträchtlichen Teil der Dunklen Materie im Universum ausmachen.

Detektoren für Dunkle Materie

Die Suche nach anderen Teilchen Dunkler Materie wie den WIMPS kommt durch den Bau neuer Detektoren, die speziell für den Empfang besonders exotischer Partikel der Natur ausgelegt sind, langsam in Fahrt. Ein spezielles Laboratorium steht in der Boulby-Mine im englischen Yorkshire in 1100 m Tiefe unter der Erde. Das Gestein, das diese tiefe Mine umgibt, schirmt die empfindlichen Apparate gegen Strahlung und normale Partikel wie kosmische Strahlen ab, die ständig die Erde bombardieren. Die WIMPS kann der Schutzschild freilich nicht stoppen, sie passieren ihn mühelos.

Dieser raffinierte Detektor basiert auf flüssigem Xenon, das ein geeignetes Ziel für Partikel Dunkler Materie bildet. Dieses seltene chemische Element muss so rein wie möglich und auf einer hochkonstanten Temperatur gehalten werden. Nach erfolgter Kalibrierung und Funktionstests werden bemerkenswerte Versuche wie in Boulby neues Licht auf die Dunkle Materie werfen.

Der Tank des Sudbury Neutrino Observatory in Ontario aus der Froschperspektive. Der mit 1000 t hochreinem (schwerem) Wasser gefüllte Behälter in einer stillgelegten Mine tief unter der Erde soll die kaum fassbaren Neutrinopartikel von der Sonne registrieren.

Gammastrahlenausbrüche

Eine große Streitfrage der modernen Astronomie betrifft die Herkunft der 1973 entdeckten Gammastrahlenausbrüche. Diese starken Explosionen dauern wenige Sekunden bis mehrere Minuten, und ihre rätselhaften Quellen sind die leuchtkräftigsten Energiestrahler im Universum. Ein einziger Gammastrahlenblitz kann für Sekunden das Weltall überstrahlen. Erst dank der Entwicklung neuer Teleskope, die via Satellit die Erde umkreisen, vertieft die Astronomie seit einigen Jahren ihre Kenntnis dieses urgewaltigen Phänomens.

Gammastrahlen sind extrem energiereiche elektromagnetische Wellen, deren Energie die des ultravioletten Lichts und der Röntgenstrahlen noch übertrifft. Nur ultraheiße Quellen aus ionisiertem Gas oder Plasma können Gammastrahlen produzieren, weshalb diese Quellen zu den energiereichsten und chaotischsten Orten im Universum gehören. Ungeachtet ihres im Vergleich zu Röntgenstrahlen höheren Eindringvermögens können Gammastrahlen den Schutzschild der Erdatmosphäre nicht durchdringen. Zu ihrer Erforschung sind deshalb Raumstationen erforderlich. Das Compton-Gammastrahlen-Observatorium der NASA, ein komplexes Satellitenteleskop, war von 1991 bis Juni 2000 in Betrieb. Mit hochempfindlichen Instrumenten registrierte und maß es in dieser Zeit über 2700 Gammastrahlenausbrüche und erstellte die erste Übersichtskarte ihrer Himmelspositionen. Anders als Sterne und Gas, die sich in der Scheibe und dem Kern unserer Galaxis konzentrieren, tauchten diese mysteriösen Gammablitze, wie die Compton-Karte zeigte, an unvorhersehbaren Stellen am gesamten Himmel auf. Als die Gammastrahlenausbrüche 1973 entdeckt wurden, hat man vermutet, dass sie innerhalb unserer Galaxis entspringen. Die Ergebnisse von Compton belegten aber, dass die Blitze aus sämtlichen Richtungen kommen und einen kosmischen Ursprung haben, der weit jenseits unserer Galaxis liegt.

Künstlerische Darstellung zweier Neutronensterne, die sich in zunehmend engem Orbit umkreisen. Es wird vermutet, dass aus der endgültigen Kollision von Neutronensternpaaren die Energie für manche gewaltigen Gammastrahlenausbrüche resultiert.

Den Explosionen auf der Spur

Ungeachtet der Erfolge des Compton-Observatoriums besteht ein grundlegendes Problem bei der Identifikation der Quellen von Gammastrahlenblitzen darin, dass sie nur schwer am Himmel lokalisierbar sind. Eine exakte Ortsbestimmung ist jedoch notwendig, damit auf die Entdeckung von Gammastrahlung normale Beobachtungen im sichtbaren Spektrum folgen können, um zu klären, mit welcher Art von Objekt man es dort zu tun hat. Erschwert wird das Problem durch die kurze Dauer der Ausbrüche, weil zwischen der Entdeckung via Satellit und dem Fotografierbefehl an optische Teleskope wie Hubble nur wenig Zeit verfügbar ist.

Ein Durchbruch gelang mit dem 1996 von Italien und den Niederlanden ins All geschossenen Satelliten BeppoSAX. Er kann Gammastrahlenausbrüche nicht nur registrieren, sondern auch so genau lokalisieren, dass sie unverzüglich von starken erdgestützten Teleskopen verfolgt werden können. Am 28. Februar 1997 entdeckte BeppoSAX im Sternbild Orion einen solchen Blitz, der die Bezeichnung GRB970228 erhielt. Innerhalb weniger Stunden gelangen ein Röntgen- und mehrere optische Bilder, die eine dramatische Abschwächung der Ursprungsquelle zeigten. Die Echos der abklingenden Explosion enthüllten, dass der Blitz von einer fernen, lichtschwachen Galaxie ausgegangen war. Präzise, von BeppoSAX gesendete Gammastrahlenblitz-Alarme führten zur Entdeckung ähnlicher Nachleuchterscheinungen, die tage- bis wochenlang im Röntgen- und sichtbaren Licht zu sehen waren. Vermehrte Sichtungen durch das 10-m-Keck-Teleskop auf Hawaii und das Hubble-Weltraumteleskop haben mittlerweile bestätigt, dass die Ausbrüche in teilweise über 10 Milliarden Lichtjahre entfernten Galaxien stattfinden.

Wenn Gammastrahlenausbrüche trotz gewaltiger Entfernungen so hell leuchten, müssen gigantische Energiemengen im Spiel sein. Obwohl der einzelne Blitz nur Sekunden dauert, ist die freigesetzte Energiemenge hunderte Male größer als bei einer Supernova-Explosion. Die Lösung des Rätsels setzt voraus, dass wir verstehen, was für ein Prozess in den Wirtsgalaxien der Ausbrüche abläuft.

Erklärungsansätze

Die größte Herausforderung liegt darin, die Umstände aufzuklären, die zu den gewaltigen Ausbrüchen führen. Die von BeppoSAX gesendeten Daten zeigen, durch optische Bilder gestützt, dass die Anatomie von Gammablitzen aus einer gewaltigen Explosion besteht, die sich fast mit Lichtgeschwindigkeit ausbreitet, wobei sich die Materie mit der Zeit abkühlt. Nach wie vor rätselhaft ist indes, woher genau die Energie stammt, die die Ausbrüche speist. Einige aktuelle Theorien erörtern wir im Folgenden.

Als wahrscheinlichste Quelle für einen Gammastrahlenausbruch gilt derzeit eine so genannte Hypernova. Dabei handelt es sich im Grunde um die vielfach stärkere Version einer Supernova-Explosion, wie wir sie als Kennzeichen des katastrophalen Todes sehr massereicher, kurzlebiger Sterne kennen gelernt haben. Hypernovae werden mit den aktivsten Sternentstehungszonen in Galaxien assoziiert und durch den Gravitationskollaps extrem massereicher Sterne ausgelöst. Dabei wird schätzungsweise mehr als

Ein Blick durch das Hubble-Teleskop auf die inneren Bereiche des 170 000 Lichtjahre entfernten 30 Doradus-Nebels, eine besonders ergiebige Sternentstehungsregion. Ein Glanzlicht ist der R 136 genannte Haufen heller Sterne rechts oben im Bild. Er enthält mehrere dutzend der massereichsten bekannten Sterne, deren einige hundertfache Sonnenmasse besitzen und zehnmal so heiß sind. Der Tod dieser abnormalen Sterne kann mit starken Gammastrahlenausbrüchen einhergehen.

die zehnfache Energie einer normalen Supernova-Explosion freigesetzt, und die Gammastrahlung entsteht vermutlich, weil ein sich mit annähernd Lichtgeschwindigkeit bewegender Feuerball aus Materie mit einer umgebenden Barriere aus dichterem Gas kollidiert. Unterstützung erhielt dieses Szenario jetzt durch Röntgenbilder der 25 Millionen Lichtjahre entfernten Pinwheel-Galaxie M101. Astronomen glauben, in ihr die Reste zweier Hypernova-Explosionen entdeckt zu haben, die durch ihre intensive Röntgenstrahlung auffallen und als gewaltige Hüllen aus expandierendem Gas erscheinen. Eine der beiden ist mit über 850 Lichtjahren Durchmesser die größte jemals entdeckte expandierende Gashülle, und die andere dehnt sich mit über 360000 km/h ständig aus. Noch sind viele Fragen offen bezüglich der Hypernovae, die womöglich die heftigsten Explosionen seit dem Urknall sind. Offenbar begleiten sie die spektakulärsten uns bekannten Sternentode, was sie zum denkbaren Ursprung von Gammastrahlenausbrüchen macht.

Eine weitere Möglichkeit wäre, dass manche Gammastrahlenblitze mit Neutronensternen zusammenhängen. Erinnern wir uns, dass ein Neutronenstern aus den Überresten eines massereichen, in einer Supernova explodierten Sterns entsteht. Der Kern, der zum Neutronenstern wird, rotiert schnell und ist von so hoher Dichte, dass er nur etwa so groß wie eine Stadt ist! Neutronensterne haben zudem ein sehr starkes Magnetfeld, und ihr Inneres besteht aus Materie mit seltsamen elektrischen und reibungsmechanischen Eigenschaften. Erstaunlicherweise haben diese winzigen Sterne eine ganz dünne Kruste, die vermutlich durch Erschütterungen, die das starke Magnetfeld hervorruft, wie bei einem Erdbeben deformiert wird. Dies bewirkt den Ausstoß von Jets aus schnellen geladenen Partikeln, die dann Gammastrahlen produzieren.

Manche Wissenschaftler glauben, Gammastrahlenblitze könnten auch durch die seltene Kollision zweier Neutronensterne entstehen. Dieser Theorie zufolge bilden zwei Neutronensterne ein Doppelsystem, in dem sich die beiden kollabierten Sterne mit bis zu mehreren 100 U/sec umkreisen. Ihre engen Umlaufbahnen schrumpfen immer weiter, bis die zwei superdichten Sterne schließlich ineinander stürzen. Durch noch nicht vollständig verstandene Mechanismen wird die immense Aufprallwucht in einen Gammastrahlenblitz umgewandelt.

Zweifellos wird eine neue Generation von Gammastrahlen-Teleskopen uns tiefer gehende Einblicke in diese gewaltigen Explosionen bescheren.

Dem Überriesenstern Eta Carinae droht in wenigen Millionen Jahren das Ende. Mit einer Ursprungsmasse von mehr als 100 Sonnen könnte er Kandidat einer Hypernova-Explosion mit nachfolgendem Gammastrahlenausbruch sein. Die optische Aufnahme (halblinks) zeigt ungewöhnliche expandierende Gasblasen, ein Hinweis auf den instabilen Zustand von Eta Carinae. Die inneren Bereiche dieser turbulenten Abströmung sind hier noch im Röntgenbild des *Chandra*-Satelliten zu sehen. Die sich mit Überschallgeschwindigkeit ausbreitende Materie erzeugt Stoßwellen, die das umgebende Gas auf mehrere Millionen °C erhitzen.

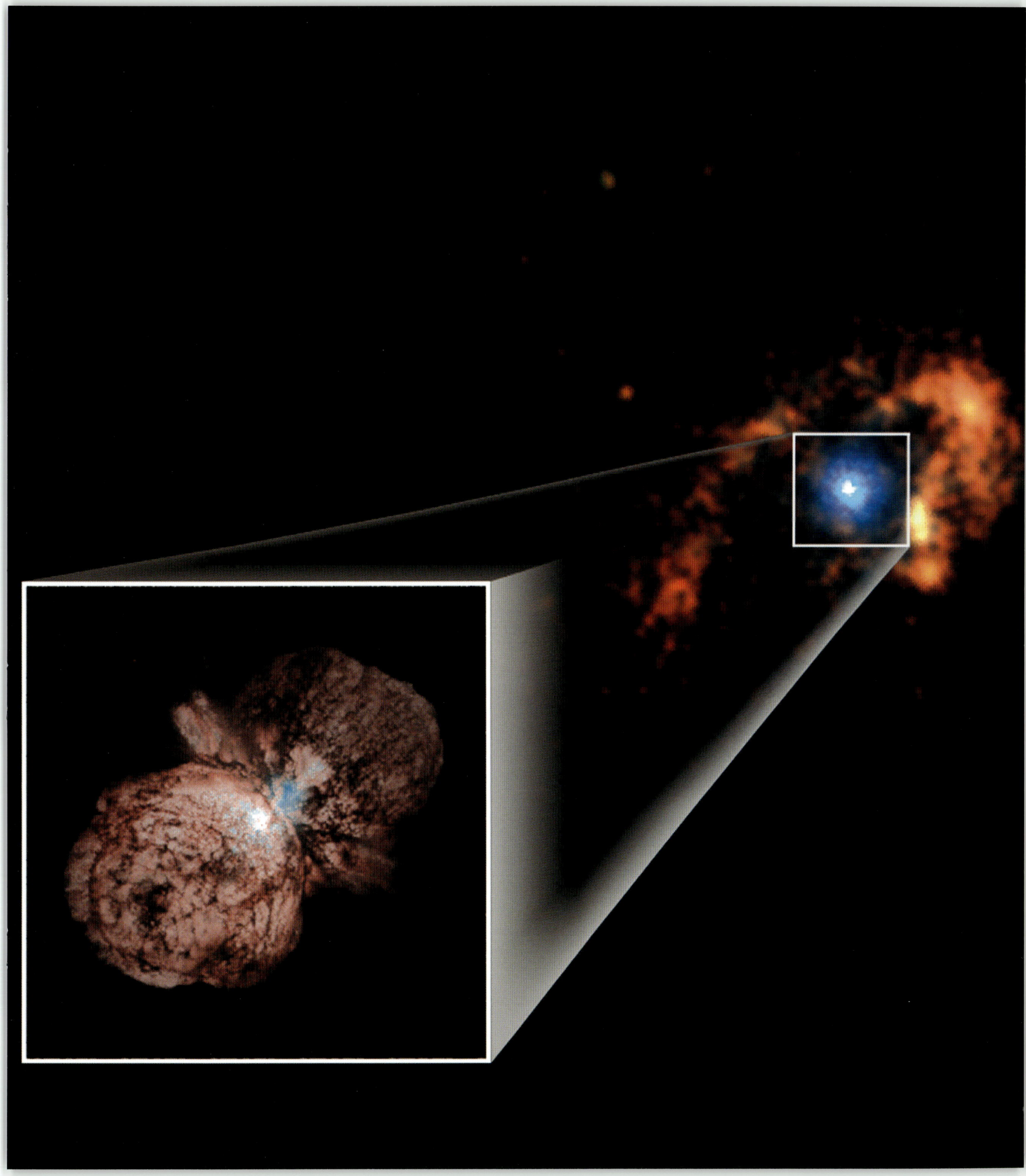

Der große Bauplan

Ein Gebiet der Astronomie, das zunehmend an Bedeutung gewinnt, bemüht sich um Klärung der Frage, wie Galaxien im Weltraum verteilt sind. Mithilfe neuester Großteleskope wird derzeit die Verteilung von Galaxienpopulationen, die sich über hunderte von Millionen Lichtjahren erstrecken, kartografisch erfasst. Das Ziel ist, den großen Bauplan des Universums zu verstehen und bis in seine frühesten Anfänge zu entschlüsseln. Im Folgenden erfahren wir, wie die Astronomie momentan der räumlichen Verteilung der Galaxien auf die Spur kommen will.

Wie wir gesehen haben, treten Galaxien nur selten vereinzelt auf, meist sind sie in Haufen oder Gruppen organisiert, die durch gravitative Anziehung zusammengehalten werden. Solche Haufen können ihrerseits in eine Größenhierarchie eingeordnet werden. Unsere Milchstraße gehört zu einem kleinen Haufen von rund 40 Galaxien, der so genannten Lokalen Gruppe mit einem Durchmesser von einigen Millionen Lichtjahren. Größere Haufen können dagegen hunderte von Galaxien enthalten. Der größte in unserer Nähe ist der Virgohaufen im gleichnamigen Sternbild. Er besteht aus über 1000 Galaxien und ist über 10 Millionen Lichtjahre groß. Unter den noch viel größeren Ansammlungen von Galaxien zählt der Haufen MS1054-0321 zu den gewaltigsten. Er ist fast 8 Milliarden Lichtjahre entfernt und stammt aus einer Zeit, als das Universum erst halb so alt wie heute war. Er enthält tausende Galaxien, deren jede wiederum aus Milliarden Sternen besteht. Neben riesigen Mengen Dunkler Materie enthält dieser Haufen auch mit das heißeste Gas, das je beobachtet wurde. Auf Röntgenbildern erkennt man gewaltige Wolken aus 150 Millionen °C heißem intergalaktischem Gas. Für die Kosmologie ist von großer Bedeutung, dass ein so mächtiger Galaxienhaufen bereits in einer sehr frühen Entwicklungsphase des Weltalls existierte.

Die höchste Hierarchiestufe bilden so genannte Superhaufen, die wiederum hunderte Galaxienhaufen enthalten und sich über 100 Millionen Lichtjahre erstrecken. So gehören unsere Lokale Gruppe und der Virgohaufen zu einem riesigen lokalen Superhaufen. Superhaufen bilden komplexe Netzwerke, die das gesamte Weltall durchziehen und seine größten Strukturen bilden.

Durchmusterung des Alls

Um in größten Maßstäben mehr über das Universum zu erfahren, haben Astronomen begonnen, in eindrucksvollen Projekten unzählige, bis 500 Millionen Lichtjahre entfernte Einzelgalaxien zu erfassen. Ein Beispiel ist der 2dF Galaxy Redshift Survey, eine Zusammenarbeit von Wissenschaftlern aus mehreren Ländern. Zur Erstellung einer dreidimensionalen Karte des Universums werten sie im Rahmen des 2dF-Projekts (2dF = two degree field) die Positions- und Entfernungsdaten von 250000 Galaxien aus.

Die Ergebnisse der 2dF-Studie und anderer vergleichbarer Projekte sind verblüffend. Sie enthüllen eine „schwammige" oder „blasige" Struktur des Universums, wobei die Galaxien-Superhaufen in dünnen Lagen oder langen Schnüren angeordnet sind. Zwischen diesen Flächen und Bändern finden sich immer wieder große Leerräume oder Löcher ohne leuchtende Materie. Sie sind

Die Menuett-Galaxiengruppe verdankt ihren Namen der Anmut, mit der ihre Mitglieder sich seit hunderten von Millionen Jahren umkreisen. In ähnlicher Weise gehört unsere Milchstraße zu einer Lokalen Gruppe aus etwa 40 durch Gravitationskräfte verbundenen Galaxien.

in der Regel hunderte Millionen Lichtjahre groß; das größte uns bekannte ist die so genannte Bootes-Leere mit rund 400 Millionen Lichtjahren Durchmesser. Diese Leeren sind ein beherrschendes Kennzeichen der Galaxienkarten und nehmen fast 90 Prozent des Raums ein. Es ist eine der großen kosmologischen Herausforderungen, den Ursprung dieser bemerkenswerten Strukturen zu verstehen.

Umfangreiche Durchmusterungen von Galaxien führten zur Entdeckung „exotischer" Objekte. Zu den größten bekannten Einzelstrukturen im Universum gehört eine als „Great Wall" bezeichnete Fläche von Galaxien. Diese „Große Mauer" ist etwa 250 Millionen Lichtjahre von der Erde entfernt. 500 Millionen Lichtjahre lang, 200 Millionen Lichtjahre breit und nur 20 Millionen Lichtjahre dick, besteht sie größtenteils aus einem Galaxien-Superhaufen mit zehn Billiarden Sonnenmassen. Um ein merkwürdiges Ungeheuer handelt es sich auch bei dem geheimnisvollen Objekt namens „Great Attractor", das anscheinend Millionen von Galaxien in einem Sektor des Universums an sich zieht, zu dem sowohl die Lokale Gruppe (einschließlich unserer Milchstraße) als auch andere benachbarte Haufen wie der Virgohaufen gehören. Dieses Monster liegt etwa 250 Millionen Lichtjahre entfernt im Sternbild Centaurus und zieht Galaxien mit 360 000 km/h an. Die hohe Geschwindigkeit ist ein Indiz, dass diese große unsichtbare Masse vielleicht zehnmal mehr Materie enthält als alle sichtbare Materie in dieser Region.

Diese unglaublichen Strukturen und ihre Bewegungen lassen sich nicht als Teil der Gesamtausdehnung des Universums erklären. Die riesigen Galaxienflächen und die angrenzenden Leeren sind viel zu groß, als dass sie durch schlichte Gravitationswirkung hätten entstehen können. Trotz seines Alters von 14 Milliarden Jahren ist das Weltall nicht alt genug, als dass sich gewöhnliche Materie allein infolge der Schwerkraft hätte sammeln und in so gigantischen Schnur- und Blasenstrukturen anordnen können. Vielmehr muss es schon seit den frühesten Anfängen des Universums einen Bauplan gegeben haben, der die Materie in diese gigantische Superstruktur zwang.

Die Aufnahme des Röntgensatelliten *Chandra* zeigt in über 8 Milliarden Lichtjahren Entfernung den massereichsten Galaxienhaufen, der je in einem so frühen Stadium der Geschichte des Weltalls beobachtet wurde. Die violette Schattierung hebt 70 Millionen °C heißes Gas innerhalb des Haufens hervor, dessen Gesamtmasse der 200-billiardenfachen Masse unserer Sonne entspricht!

Aus Keimen wachsend

Um die größten Strukturen des Weltalls zu erklären, simulieren Astronomen auf Superrechnern, wie sie durch die vereinte Wirkung unterschiedlicher Materieformen, die vielleicht schon kurz nach dem Urknall existierten, beeinflusst worden sein könnten. Zwei grundlegende Arten Dunkler Materie, die sich beide auf Eigenschaften subatomarer Partikel beziehen, werden dafür verwendet. Zum einen die „heiße" Dunkle Materie, sie besteht aus Teilchen, die viel weniger als ein Elektron wiegen, beispielsweise den schon beschriebenen Neutrinos. Wurden die Computermodelle mit zu viel heißer Dunkler Materie gefüttert, so entstanden zwar große Strukturen wie Superhaufen und Leeren, aber nicht genügend kleinere Strukturen, die ja ebenfalls beobachtet werden. Um dies zu kompensieren, kommt „kalte" Dunkle Materie ins Spiel, sie besteht aus massereichen Partikeln, die eher kleinräumige Strukturen bis hin zu Einzelgalaxien hervorbringen. Durch Abwägen beider Formen der Dunklen Materie lässt sich das Wachstum kleinster Materieansammlungen im frühen Universum simulieren. Diese Schwankungen der Materiedichte auf kleinem Raum wirken wie Keime, die über Jahrmilliarden mit dem expandierenden Universum wachsen. Es ist ermutigend, dass die errechneten Vorhersagen für diese Entwicklung sich ziemlich genau mit den Karten der echten Megastrukturen decken, die durch ausgedehnte Durchmusterungen von Galaxien gewonnen wurden.

Das momentan favorisierte Szenario ist ein von kalter Dunkler Materie beherrschtes Universum, in dem zunächst Einzelgalaxien entstanden. Sie organisierten sich später zu Haufen und Superhaufen, während sich der Großteil der Dunklen Materie in riesigen Leeren konzentrierte. Für ein vertieftes Verständnis des großen Bauplans sind jedoch noch große Anstrengungen erforderlich; denn die Partikel, aus denen die postulierte kalte Dunkle Materie bestehen soll, sind noch nicht entdeckt worden. Trotzdem stehen wir am Beginn einer Ära, in der mittels neuer Durchmusterungen dreidimensionale Positionsdaten für Millionen von Galaxien gewonnen werden. Diese Projekte werden zweifellos neue Paradigmen, weitere bizarre Objekte und alternative Theorien zum übergeordneten Bauplan des Weltalls liefern.

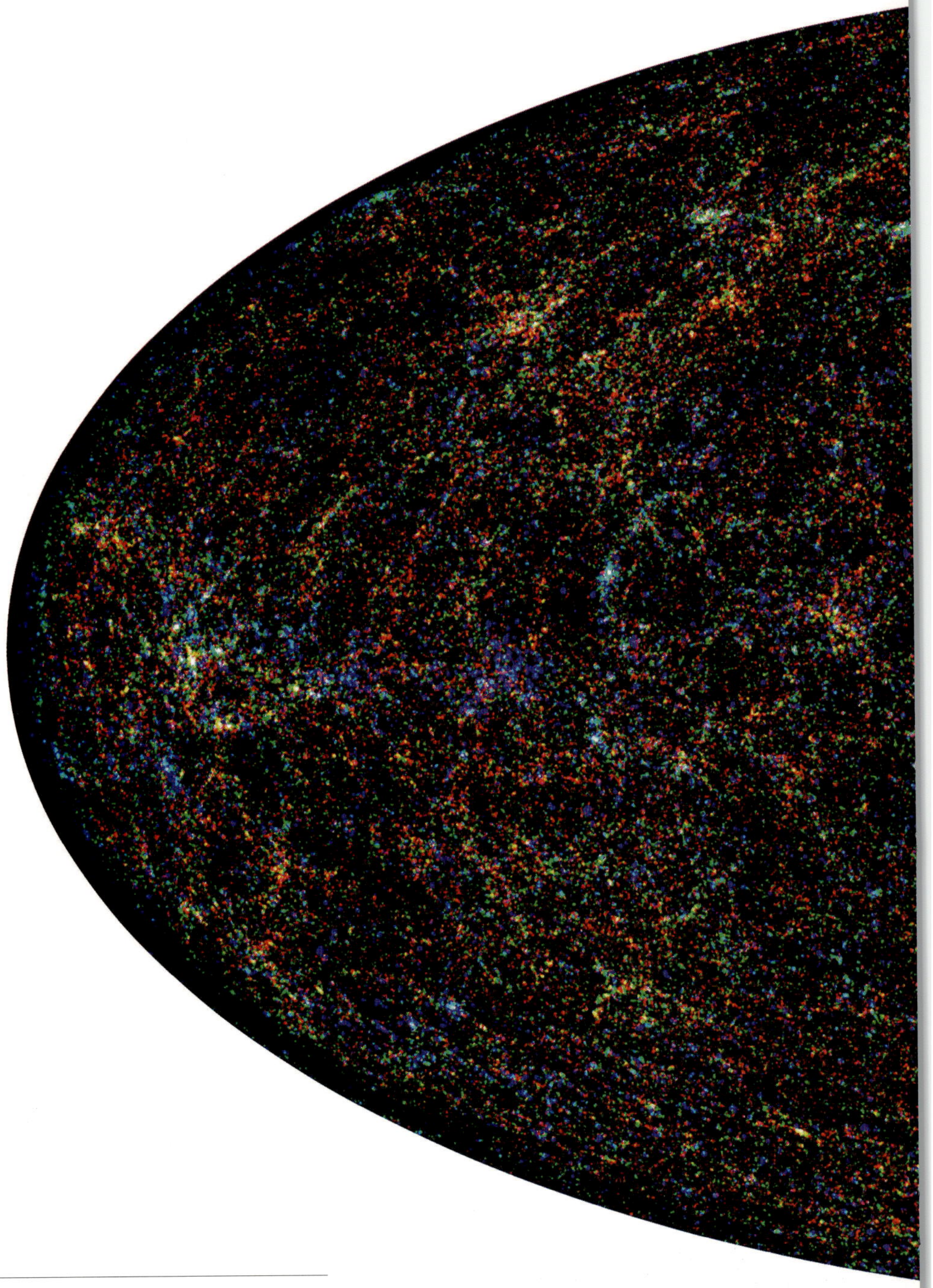

Das Panoramabild der satellitengestützten 2MASS-Durchmusterung zeigt die Verteilung von mehr als 1 Million Galaxien über alle Himmelsrichtungen. Die hellsten und nächst gelegenen Galaxien sind blau, die lichtschwächsten und entferntesten rot dargestellt. Das Farbschema gewährt somit Einblick in die großräumige Struktur des Universums. Sie besteht aus filamentartigen (Galaxien-) Mustern, die von gewaltigen dunklen Leerräumen ohne Galaxien umgeben sind.

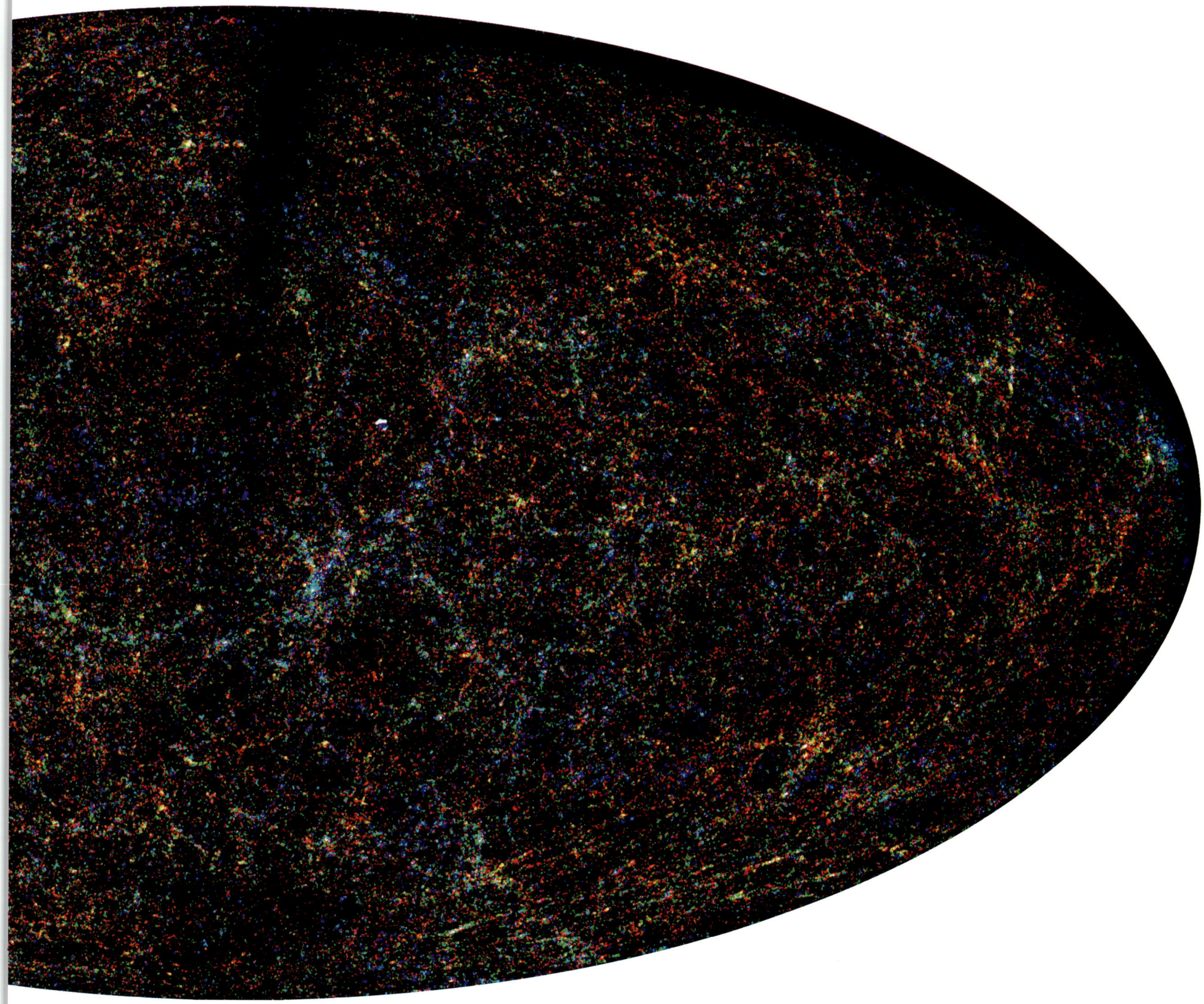

Das Universum auf Hochtouren

Eine erstaunliche Entdeckung der letzten Zeit betrifft die Frage, wie sich das Universum ausdehnt. Bei der Erforschung sehr weit entfernter Supernovae ist man auf Beweise dafür gestoßen, dass unser Weltall immer schneller wächst. Die jüngsten Befunde widersprechen dem, was man aufgrund herkömmlicher Theorien zum Urknall-Ursprung erwarten dürfte, und lenken unseren Blick auf die mysteriöse so genannte „Dunkle Energie".

In den 1920er-Jahren entdeckte Edwin P. Hubble, dass sich die Galaxien von uns wie auch voneinander entfernen, woraus er schloss, das Weltall als Ganzes müsse sich ausdehnen. Diese grundlegende Beobachtung lieferte den Anstoß zum Urknallmodell des Universums. Seit damals lauten zwei Kernfragen der Kosmologen, wie lange die Expansion noch anhält und worin ihr Motor besteht. Intuitiv könnte man annehmen, dass sich nach dem heftigen Urknall, der das Universum vor 14 Milliarden Jahren aufzublasen begann, die Materie infolge der gravitativen Anziehung irgendwann verlangsamen würde, sodass die Galaxien und damit die Ausdehnung des Weltalls gebremst würden. Schließlich gibt es Milliarden von Galaxien, die eine Gravitationskraft auf ihren umgebenden Raum ausüben, und es ist eine sinnvolle Vermutung, dass sie dem kosmischen Wachstum entgegenwirken. Wissenschaftler haben daher zu messen versucht, in welchem Ausmaß sich die Expansion verlangsamt. Was sie aber entgegen ihren Prognosen jüngst herausfanden, traf sie völlig unerwartet und könnte weit reichende Konsequenzen haben.

Leuchtfeuer und Glühlampen

Um die Veränderung der kosmischen Expansion zu untersuchen, muss man Licht von den fernsten Galaxien analysieren. Da es Jahrmilliarden bis zu uns unterwegs ist, betrachten wir in Wahrheit Galaxien aus der Zeit, als das Universum erst einen Bruchteil seines heutigen Alters hatte. Bremste die Schwerkraft tatsächlich die Ausdehnung des Weltalls, so müsste der Abstand zwischen uns und einer sehr fernen Galaxie kleiner sein, als wenn sich die Expansion mit unverminderter Geschwindigkeit fortgesetzt hätte, folglich müsste die Galaxie heller erscheinen, weil sie näher bei uns läge. Stellen Sie sich zum Vergleich zwei identische Autos vor, die beide an einer Ampel 20 Sekunden beschleunigen. Beide fahren 10 Sekunden lang gleich schnell, dann wird eines langsamer, während das andere mit der ursprünglichen Geschwindigkeit weiterfährt. Nach 20 Sekunden ist das Auto, das gebremst hat, selbstverständlich näher beim Ausgangspunkt, folglich erscheint die Ampel hinter ihm heller als für den Wagen, der sein Tempo beibehalten hat.

Die Schwierigkeit besteht nun darin, Objekte in Milliarden Lichtjahren Entfernung zu finden, deren Abstände so exakt bestimmt werden können, dass eine Vorhersage möglich wird, wie hell sie bei einer bestimmten angenommenen Expansionsgeschwindigkeit für das Universum erscheinen müssten. Hierzu benötigt man ein Leuchtfeuer, dessen wahre Energieabgabe oder „intrinsische Helligkeit" genau bekannt ist. Dann ist, einfach ge-

Auf dieser HST-Aufnahme der Galaxie NGC4526 sieht man links unten eine Supernova des Typs Ia. Beide Objekte sind 108 Millionen Lichtjahre von der Erde entfernt. Für kurze Zeit leuchtete die Supernova so hell wie die gesamte Galaxie.

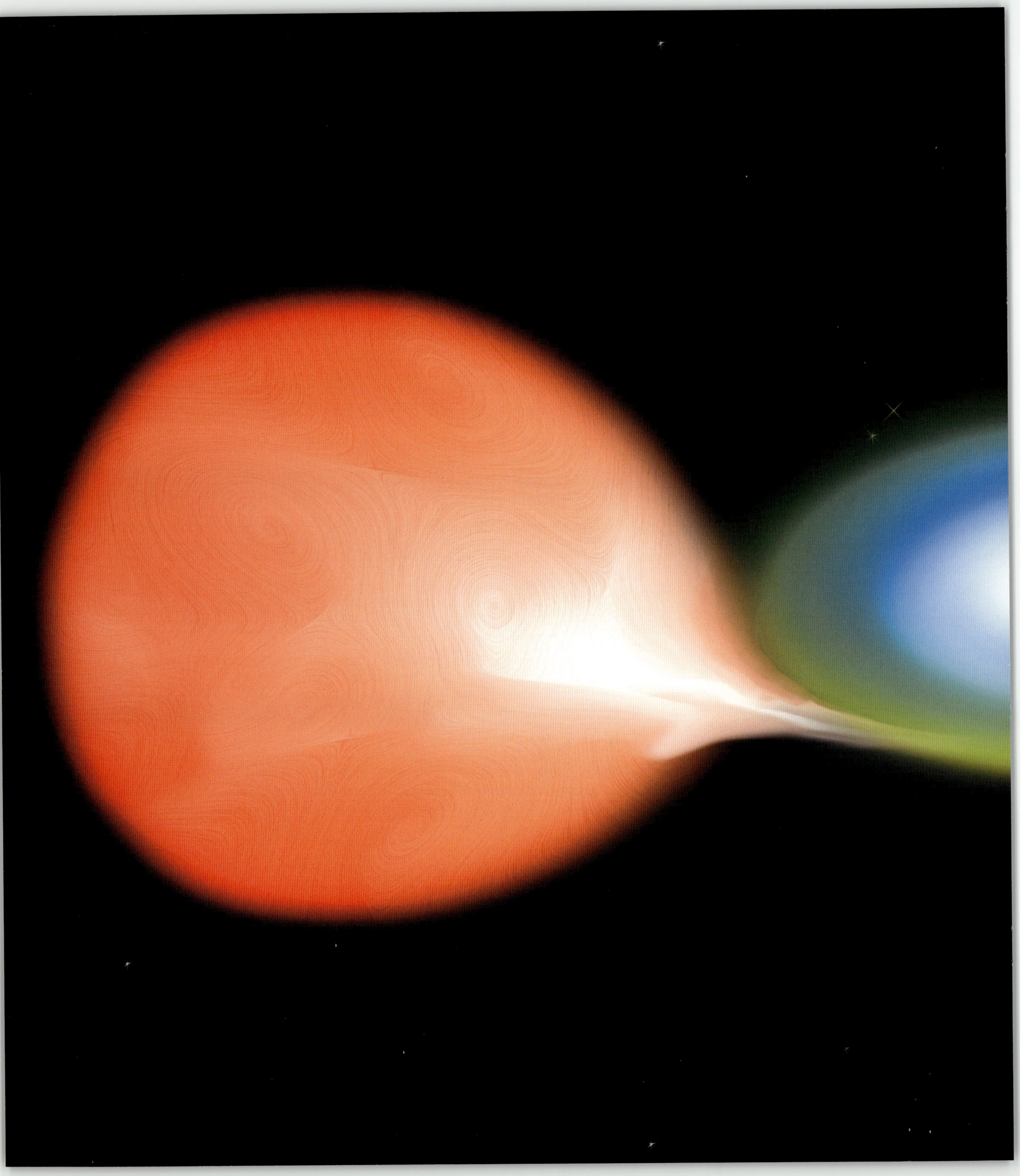

sagt, ein solches Objekt umso weiter entfernt, je lichtschwächer es uns erscheint. Zum Glück ist hier den Astronomen ein spezieller Typ explodierender Sterne zu Hilfe gekommen, die so genannte „Typ-Ia-Supernova".

Die Supernova-Explosionen, die wir bis jetzt kennen gelernt haben (so genannte „Typ-II-Supernovae"), signalisieren den Tod besonders massereicher Sterne, sobald diese alle Möglichkeiten der nuklearen Energiegewinnung ausgeschöpft haben. Ein Stern kann aber noch auf andere Art explodieren. In diesem alternativen Szenario zieht ein sterbender Weißer Zwerg von einem sehr nahen Begleitstern enorme Gasmengen zu sich herüber, etwa von einem Roten Riesen. Die Folge ist, dass er zu massereich wird, sodass er unter seiner eigenen Schwerkraft kollabiert und sein Leben in einer gewaltigen thermonuklearen Explosion beendet. Seine Helligkeit steigert sich kurzfristig auf einen milliardenfachen Wert und nimmt dann über einige Wochen oder Monate allmählich ab. Solche Typ-Ia-Supernovae können auf dem Höhepunkt ihres Zerstörungsakts so hell leuchten wie ihre gesamte Wirtsgalaxie. Supernovae vom Typ Ia sind daher perfekte Leuchtfeuer über große Entfernungen im Weltall. Der entscheidende Vorteil ist, dass alle Typ-Ia-Supernovae sich vermutlich stark ähneln. Sie gleichen superhellen, identischen Glühlampen der gleichen Wattstärke. Problematisch ist nur, dass diese Explosionen rar sind und spezielle Überwachungsprogramme erfordern, damit man sie findet und ihre optischen Veränderungen analysieren kann.

Das Weltall kommt in Fahrt

In den letzten Jahren haben Astronomen mit Hilfe von Riesenteleskopen Supernovae des Typs Ia in teilweise über 10 Milliarden Lichtjahre entfernten Galaxien ausfindig gemacht.

Man hatte erwartet, das Universum würde sich aufgrund der Schwerkrafteinwirkung auf alle in ihm enthaltene Materie inzwischen verlangsamen. Das verblüffende Resultat der Supernova-Suchprojekte war jedoch, dass die Typ-Ia-Supernovae weiter entfernt waren als bis dahin angenommen. Anstatt heller zu leuchten, weil das Universum langsamer wird, erscheinen die ehemaligen

Ein Doppelsternsystem, das zu einer Typ-Ia-Supernova-Explosion führen kann, aus künstlerischer Sicht. Der kompakte Weiße Zwerg (rechts) entreißt über seine schnell rotierende Akkretionsscheibe dem normalen Riesenstern (links) Materie. Dieser Materiezuwachs kann eine thermonukleare Explosion auslösen, die noch in sehr fernen Galaxien bemerkt wird.

Supernovae fast 20 Prozent dunkler als erwartet. Dies lässt nur den Schluss zu, dass sich die Expansion des Weltalls während der letzten Milliarden Jahre beschleunigt hat. Das Universum läuft heute quasi mit höherer Drehzahl und dehnt sich immer schneller aus, wodurch sich der Abstand zwischen der Erde und jenen Galaxien, in denen sich die stellaren Explosionen ereigneten, vergrößert hat. Greifen wir den Vergleich mit den zwei Autos an der Ampel nochmals auf. Stellen Sie sich vor, dass der eine Wagen nach der Hälfte der Zeit, anstatt zu bremsen, für die letzten 10 Sekunden noch beschleunigt. Dies bedeutet, dass er nach den vollen 20 Sekunden im Vergleich zu den ursprünglichen Autos viel weiter entfernt ist; der Blick zurück zeigt die Ampel jetzt natürlich lichtschwächer. Die Beobachtungen von Supernovae deuten zudem an, dass das Weltall zwischen der anfänglichen Verlangsamung nach dem Urknall und der nachfolgenden Beschleunigung eine Übergangsphase durchlief. Zu ihrer genauen Datierung sind noch weitere Daten erforderlich, doch gehen aktuelle Schätzungen von der Zeit aus, als das Universum etwa ein Drittel seines heutigen Alters besaß.

Eine geheimnisvolle Kraft?

Die Tatsache, dass Typ-Ia-Supernovae viel weiter entfernt sind als ursprünglich angenommen, wirft die Frage auf, welche Kraft jetzt alles schneller auseinander drückt, als dies im frühen Universum geschah. Bislang haben die Wissenschaftler lediglich einige Theorien und Ideen vorgestellt. Eine viel diskutierte Möglichkeit ist, dass die Expansion des Weltalls durch eine rätselhafte Energieform, die so genannte „Dunkle Energie", beschleunigt wird, obgleich es nahezu keine Anhaltspunkte für ihre Identität gibt und sie mit Sicherheit auch kein Licht abstrahlt. Diese ungewöhnliche Energieform muss das gesamte Universum durchziehen und den Gravitationseffekten entgegenwirken. Es handelt sich um eine abstoßende Kraft, gewissermaßen eine kosmische Anti-Gravitation, die die Anziehungskraft von Materie über gewaltige Entfernungen überwinden kann und dadurch die kosmische Ausdehnung beschleunigt. Nach Meinung der Astronomen besteht das Universum zu fast 70 Prozent aus Dunkler Energie, was bedeutet, dass sie eine wichtige Rolle spielen dürfte. Will man die Zukunft unseres Weltalls antizipieren, muss man sie also verstehen, und der Wettkampf um ihre Erforschung ist in vollem Gange. Eine entscheidende Frage ist, ob die Dunkle Energie unveränderlich ist: Träfe dies zu, würde sich das Universum zweifellos bis in alle Ewigkeit weiter ausdehnen.

Die Aufdeckung dieser Geheimnisse erfordert die Zusammenarbeit unterschiedlicher Wissensgebiete einschließlich der Kosmologie und der Teilchenphysik. Es ist unwahrscheinlich, dass Dunkle Energie künstlich im Labor erzeugt werden kann, zumindest in naher Zukunft nicht. Die aufschlussreichsten und direktesten Hinweise auf ihre Natur werden daher zweifellos von tieferen Einblicken ins Universum kommen, die nicht bloß ferne Supernovae, sondern auch die Temperaturmuster in der kosmischen Hintergrundstrahlung enthüllen. Möglicherweise stellt sich sogar heraus, dass sich die Dunkle Energie auf einige unserer fundamentalen Konstanten wie die Gravitationskraft auswirkt, sodass selbst sie über die Zeit veränderlich wären.

Trümmer einer Typ-Ia-Supernova-Explosion, die schon der Astronom Tycho Brahe 1572 beobachtet hat, sind auf diesem Röntgensatellitenbild gut erkennbar. Das Objekt ist nur 7500 Lichtjahre entfernt – sehr nahe im Vergleich zu 10 Milliarden Lichtjahre entfernten Explosionen, die Beweise für eine immer schnellere Ausdehnung des Weltalls liefern.

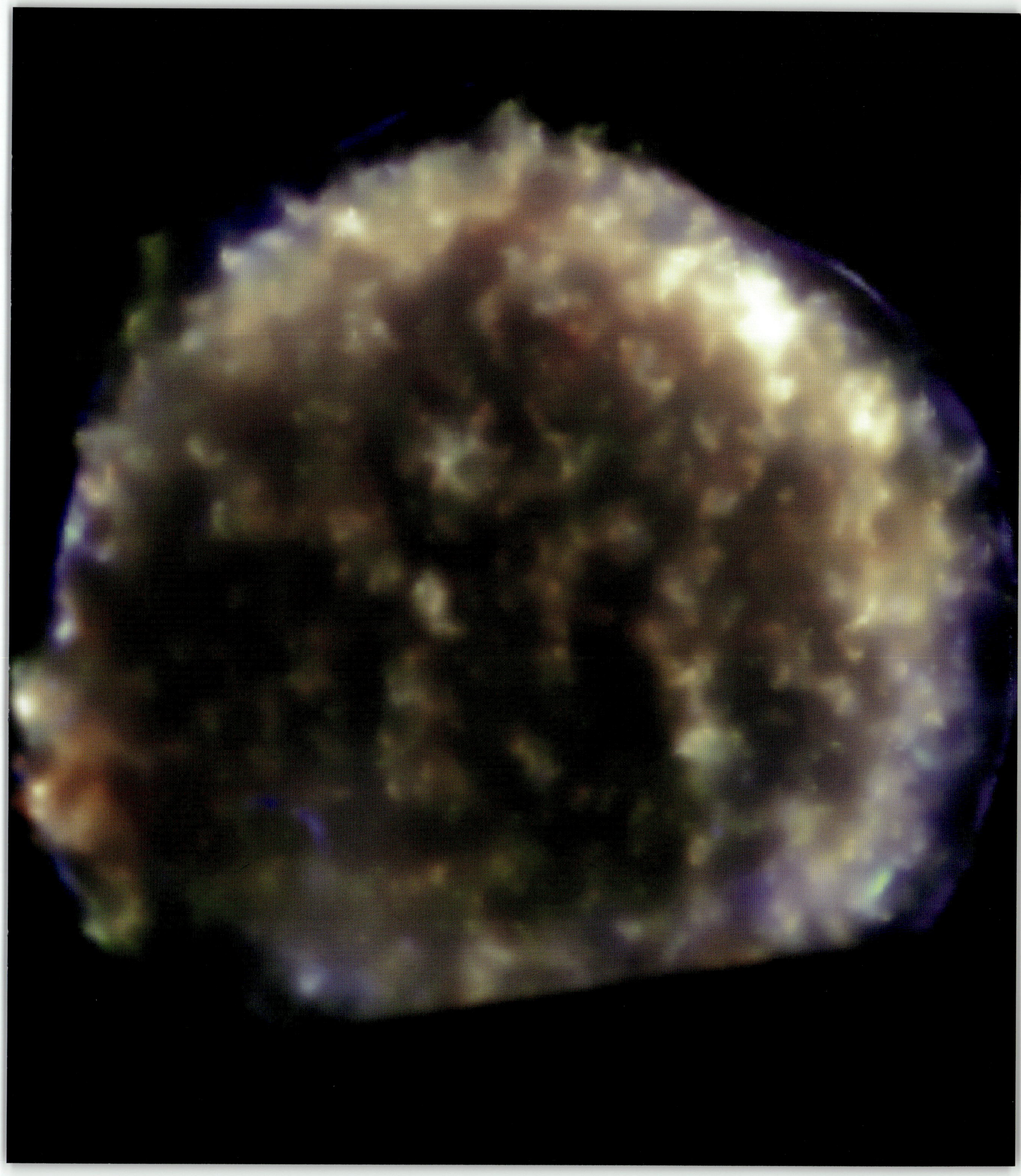

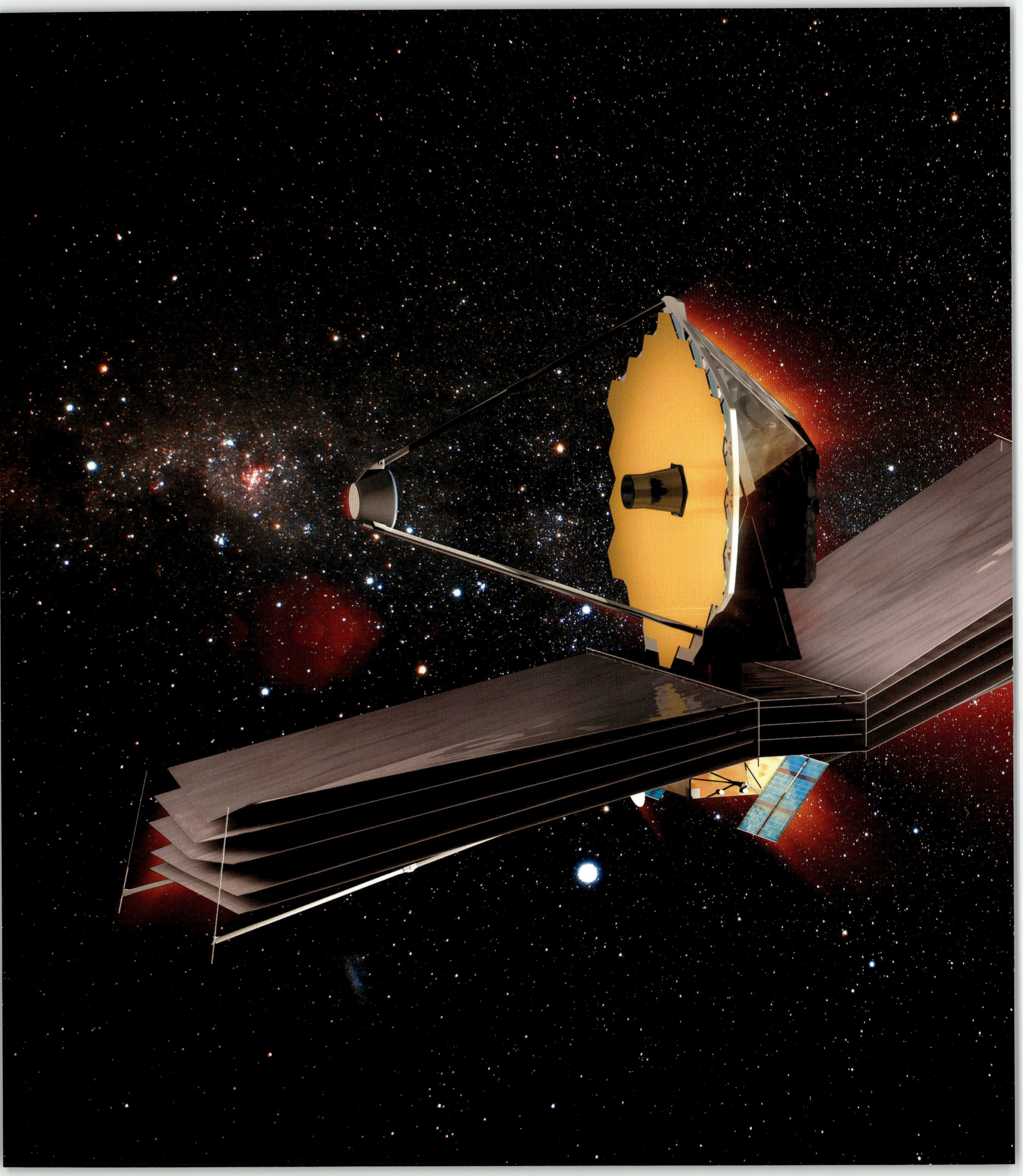

Greifbar nahe: Als erheblich verbesserter Nachfolger des Hubble-Weltraumteleskops könnte das James Webb Space Telescope 2011 in Betrieb gehen.

Der Blick nach vorn

Spektakuläre Entdeckungen haben unser Wissen über den Kosmos erweitert, doch harren immer noch grundlegende Probleme ihrer Lösung. Den allumspannenden Bogen schlägt die Frage, wie sich das Weltall vom Urknall bis zur Entstehung unseres Heimatplaneten entwickelt hat. Ihre Beantwortung verlangt eine gründliche Durchmusterung des Universums und seiner Bestandteile einschließlich jener rätselhaften Dunklen Materie und Dunklen Energie.

Die Astronomen werden danach streben, tiefer in jene Zeit zu schauen, in der die ersten Sterne und Galaxien entstanden. Sie werden die Lebensgeschichten nicht nur von Sternen, sondern auch von Riesen- und erdähnlichen Planeten zu entschlüsseln versuchen, womit die Jagd auf den „Haupttreffer“ eröffnet wäre: den Beweis für außerirdisches Leben. Der Blick in die Zukunft gilt einem Universum, das ein einzigartiges Laboratorium zur Erforschung der Naturgesetze darstellt. Die Erschließung neuer Wissenshorizonte hängt von der Möglichkeit ab, Licht von fernsten Objekten im Weltraum einzufangen. Große Fortschritte erfordern technologische Innovationen, die den Bau neuer Teleskope und empfindlicher Instrumente ermöglichen. Derzeit sind Observatorien in Planung, die unser Wissen mit Riesenschritten voranbringen können, von der Entstehung der Galaxien und Sterne bis zu Spuren von Leben in der Atmosphäre extrasolarer Planeten. Im Folgenden werden die großen erdgebundenen Teleskope und die Raumfahrtmissionen der nächsten Generation vorgestellt.

Eine permanente Marsbasis, hier ein Entwurf, ist ein besonders hoch gestecktes, gegenwärtig von NASA und ESA diskutiertes Ziel. Mehrere Studien wurden schon eingeleitet, um die Möglichkeit bemannter Missionen zum Roten Planeten zu ergründen. Erste Komponenten dortiger Außenposten könnten Wohnmodule, Erkundungsfahrzeuge, Energie- und Wasserpumpstationen sein.

Megateleskope

Die Astronomie ist vor allem eine beobachtende Wissenschaft, und ihr Hauptinstrument ist das Teleskop. Die besten dieser Geräte decken ein breites elektromagnetisches Spektrum ab und liefern uns detailreiche Ansichten aus den Tiefen des Kosmos. Das Teleskop ist im Wesentlichen ein „Lichteimer" mit der Funktion, möglichst viele Photonen zu sammeln. Das heißt: je größer der Durchmesser eines Teleskops, desto besser – Riesenteleskope haben ein höheres Lichtsammelvermögen, weshalb man helle Objekte damit genauer studieren, aber auch besonders lichtschwache und weit entfernte Ziele beobachten kann. Den heutigen Standard bei erdgebundenen Teleskopen kennzeichnen Einrichtungen wie das 10-m-Keck-Teleskop auf dem Mauna Kea in Hawaii sowie die von der Europäischen Südsternwarte in Chile betriebene Serie von 8-m-Teleskopen. Erfolgreiche Weltraumobservatorien wie das Hubble-Teleskop haben den entscheidenden Vorteil, dass sie den Luftschlieren der dynamischen Erdatmosphäre entgehen und zudem unsichtbare Strahlung auffangen können, die sonst großenteils absorbiert wird, bevor sie die Erde erreicht.

Inzwischen gibt es Pläne für neue Projekte und die nächste Generation von Teleskopen, die unser Wissen über den Kosmos erweitern können. Insbesondere werfen wir einen Blick auf einen leistungsstarken Nachfolger für das HST sowie ein gigantisches 100-m-Teleskop auf der Erde.

Das Hubble-Superteleskop zählt zu den erfolgreichsten Weltraum-Teleskopen, die je gebaut wurden. Zweifellos haben seine

Das Gemini North Telescope auf dem Gipfel des Mauna Kea (Hawaii) gehört zur neuesten Generation der 8-m-Klasse, doch wirkt es winzig gegenüber den für das kommende Jahrzehnt geplanten Riesenteleskopen mit geradezu sagenhaftem Lichtsammelvermögen.

Vorherige Doppelseite: Der Erfolg des Hubble-Weltraumteleskops beruht großenteils darauf, dass Kamera, Spektrografen und andere Komponenten gewartet werden können. Im März 2002 machten Astronauten der NASA-Raumfähre *Columbia* einen siebenstündigen Ausflug ins All, um das Teleskop mit einer neuen Stromversorgungseinheit zu versehen.

Bilder unsere Sicht des Universums verändert. Nach fast zwei Jahrzehnten Dauereinsatz soll dieses überragende Werkzeug jedoch nur noch bis 2007 oder 2008 in Betrieb bleiben. Die Astronomen haben daher bereits mit der Konzeption seines Nachfolgers begonnen, der noch größer und leistungsfähiger sein wird.

Hubbles Nachfolger

Zu Ehren von James E. Webb, von 1961 bis 1968 Leiter der NASA, wurde dieses neue Gerät „James Webb Space Telescope" (JWST) getauft. Wichtigste Vorgabe für das JWST ist, dass es Licht von den allerersten Sternen und Galaxien im Weltall einfangen muss. Es soll eine entscheidende Phase, über die wir bis jetzt nur sehr wenig wissen, beleuchten, das so genannte „Dunkle Zeitalter des Universums". In diesem Zeitraum zwischen einer Million und einigen Milliarden Jahren nach dem Urknall entstanden die ersten Sterne und Galaxien. Der Grund, warum das Hubble-Teleskop die fernen Objekte aus jener Periode nicht aufspüren kann, besteht darin, dass von den jüngsten Sternen und Galaxien abgestrahltes Licht vom sichtbaren Spektrum (in dem Hubble überwiegend arbeitet) zum Infrarotbereich hin verschoben ist. Diese Veränderung in der Lichtfarbe (die so genannte Rotverschiebung) wird durch die Ausdehnung des Weltalls vom „Dunklen Zeitalter" bis zur Gegenwart hervorgerufen. Deshalb wird das JWST mit Infrarotaugen ausgerüstet sein, mit deren Hilfe auch andere wichtige kosmische Abläufe wie etwa die Evolution von Galaxien über Jahrmilliarden oder die Bildung von Planeten direkt analysiert werden können.

Das Teleskop wird dem neuesten Stand der Technik entsprechen und seit Juli 2003 in einer Partnerschaft von Wissenschaftlern und Ingenieuren aus den Vereinigten Staaten, Kanada und Europa entwickelt. Im Unterschied zu Hubble mit seiner 2,4-m-Öffnung wird es 6 m Durchmesser aufweisen. Für einen erfolgreichen Einsatz im Infrarotbereich gilt es, Wärme vom Teleskop selbst zu eliminieren, die ja als Infrarotlicht abgestrahlt würde. Daher müssen seine Instrumente und Detektoren während der gesamten, auf fünf bis zehn Jahre veranschlagten Betriebsdauer auf -223 °C gekühlt werden. Anders als Hubble wird JWST nicht regelmäßig durch Astronauten im Rahmen von Space-Shuttle-Flügen gewartet, da es die Erde auf einer erheblich größeren Umlaufbahn, nämlich in 1,5 Millionen km Abstand umkreisen wird. Sofern die Finanzierung gesichert bleibt, soll das 5400 kg schwere JWST mit Hilfe einer mittleren Trägerrakete irgendwann 2011 ins All abheben.

Modernste Technologien sollen dem JWST überragende Abbildungseigenschaften verleihen, die in Verbindung mit dem größeren Lichtsammelvermögen und seiner dunklen, ortsfesten Position im Weltraum ein fantastisches neues Instrument verheißen. Die Astronomen harren ungeduldig der Wunder, die da kommen sollen.

„Das überwältigend große Teleskop"

Das augenblicklich ehrgeizigste Vorhaben ist der Bau eines neuen erdgebundenen Teleskops mit 100 m Durchmesser. Das „Overwhelmingly Large Telescope" (OWL) wird im Vergleich zu den besten heutigen Teleskopen über das sage und schreibe hundertfache Lichtsammelvermögen verfügen. Dieses von der Europäischen Südsternwarte angeregte Superinstrument soll die Astronomie revolutionieren.

Die größten technischen Herausforderungen bereitet die Herstellung des für das OWL benötigten 100 m großen Primärspiegels. Ungefähr so groß wie ein Fußballfeld, kann er nicht aus einem Stück gegossen werden, sondern wird aus über 2000 sechseckigen Teilspiegeln „zusammengenäht". Diese Segmente haben höchstens 2 m Durchmesser und verfügen auf der Unterseite über ein kompliziertes System aus Sensoren und Druckstempeln, deren computergesteuerte Ausrichtung die perfekte Form der 100 m großen Spiegelfläche garantiert.

Ein besonders schwer wiegendes Problem aller erdgebundenen Teleskope – so groß sie auch sein mögen – ist, dass die Erdatmosphäre ständig in Bewegung ist. Die Beobachtung astronomischer Objekte durch diese unruhige Luft lässt sichtbare Details verschwimmen, deshalb ist ein um die Erde kreisendes Teleskop wie das HST so überlegen. Das OWL allerdings will den atmosphärischen Verzerrungseffekten mit modernster Technologie, einer so genannten „adaptiven Optik", zu Leibe rücken. Im Wesentlichen ermöglicht sie die Beseitigung der Auswirkungen atmosphärischer Turbulenzen, indem sie über das Licht eines hellen Referenzsterns oder eines in den Himmel gerichteten Laserstrahls ermittelt, wie die Verzerrungen das Bild beeinträchtigen. Diese Informationen werden rasch zu einem kleinen Hilfsspiegel übertragen, dessen Krümmung zwecks der Unschärfekompensation veränderlich ist. Ein so fortschrittliches adaptives Optiksystem ist der Schlüssel zum Erfolg des OWL-Projekts.

Das OWL soll den Astronomen beispiellose Ansichten der fernsten Objekte im Weltraum bescheren und feine Details von Sternen und Galaxien 40-mal schärfer als das HST auflösen. Es wird das Licht der fernsten Supernova-Explosionen einfangen können und so noch tiefere Einblicke ins Universum ermöglichen. Im näheren Umfeld werden Wissenschaftler die Oberflächenregionen anderer Sterne in der Weise studieren, wie wir es heute bei unserer Sonne machen. Man hofft, dass das OWL auch neue Perspektiven zur chemischen Zusammensetzung extrasolarer Planeten eröffnet und die Suche nach lebensförderlichen Milieus außerhalb unseres Sonnensystems voranbringt.

Diese weit gesteckten Ziele sind indes nicht einfach zu erreichen. Nach Schätzungen der Europäischen Südsternwarte soll das OWL rund eine Milliarde Euro kosten, weshalb derzeit eine starke internationale Allianz mit dem Ziel gebildet wird, die erforderlichen Geldmittel aufzutreiben. Wissenschaftler und Ingenieure sind jedoch zuversichtlich, dass dieses Riesenteleskop gebaut werden kann, und ersten Prognosen zufolge könnte das OWL bis 2015 erste Bilder liefern.

Nachfolgende Doppelseite: Das von der Europäischen Südsternwarte (ESO) geplante 100-m-OWL-Teleskop soll ab 2015 überragende Bilder von Planeten, Sternen und Galaxien liefern.

Große Innovationen im Weltraum

Das James Webb Space Telescope und das Overwhelmingly Large Telescope sind ambitionierte Projekte für das kommende Jahrzehnt. Beide beruhen jedoch auf Konzepten und Technologien, die großenteils schon verfügbar sind. In den Schubladen der Forscher liegen aber noch weiter reichende Pläne, die größte Herausforderungen darstellen und raffinierteste Innovationen verlangen.

Die zwei im Folgenden vorgestellten Missionen haben konzeptionell gemeinsam, dass sie die Signale einer ganzen Flotte über beträchtliche Distanzen im Weltall verteilter Detektoren zusammenführen sollen. Diese so genannte „Interferometrie" ist ein cleveres Verfahren, um das Auflösungsvermögen eines Teleskops für feinste Strukturen zu steigern. Wo es sich bei den in dieser strategischen Anordnung eingesetzten Detektoren um Teleskope handelt, entsprechen deren kombinierte Einzelleistungen der Leistungsfähigkeit eines einzelnen gewaltigen Instruments mit einem Durchmesser, der den Abständen zwischen den einzelnen „Stationen" entspricht.

Die Jagd nach fernen Erden

Bei den bis jetzt entdeckten mehr als 100 extrasolaren Planeten dürfte es sich ausnahmslos um jupiterähnliche Gasplaneten ohne feste Oberfläche oder flüssiges Wasser handeln. Ein ganz wichtiges Zukunftsziel ist die Suche nach erdähnlichen Planeten, auf denen Leben existieren könnte. Die Europäische Weltraumbehörde (ESA) plant derzeit eine interessante, nach dem britischen Naturforscher Darwin benannte Mission, deren Hauptziel die Entdeckung und Analyse solcher Planeten in der Umgebung naher Sterne ist. Der Plan sieht vor, sechs Teleskope von je 1,5 m Durchmesser mit einer speziellen Version der 52 m hohen ESA-Trägerrakete Ariane 5, deren Nutzlast bis zu zwölf Tonnen beträgt, ins All zu befördern. Die Teleskope werden in eine 1,5 Millionen km von der Erde entfernte Umlaufbahn geflogen, wo sie mit jeweils 50 m Abstand voneinander ringförmig positioniert werden. Eine zentrale sechseckige Raumsonde wird das Licht der sechs Einzelteleskope sammeln und vereinigen, was im Vergleich zu anderen Weltraumteleskopen eine weitaus bessere Auflösung und wesentlich detailreichere Bilder zur Folge hat. Zwischen den sechs Teleskopen erfolgt per Laserstrahl eine ständige Lagekorrektur des Gesamtsystems mit einer Genauigkeit von einem tausendstel Millimeter. Ein Plus von *Darwin* ist sein Einsatz im infraroten statt im optischen (sichtbaren) Spektralbereich. Dies hat den Vorteil, dass es das Auffinden von Planeten etwas erleichtert, da ein sonnenähnlicher Stern im sichtbaren Licht eine Milliarde mal heller leuchtet als ein erdähnlicher Planet, was sich im Infrarotbereich auf ein Promille dieses Wertes reduziert.

Auf der Suche nach zuvor unsichtbaren, kleinen Gesteinsplaneten soll *Darwin* eintausend der nächstgelegenen Sterne überprüfen. Dank der unglaublichen Empfindlichkeit dieses interferometrischen Instruments wird man erstmals erdähnliche Welten als Lichtpunkte sehen können. Danach kann die Zusammensetzung der planetarischen Atmosphäre mit Hilfe eines Spektrografen bestimmt werden, der das Licht in seine einzelnen Bestandteile zerlegt.

So könnte der Teleskopverbund der von der ESA geplanten *Darwin*-Mission aussehen. Sie und andere Missionen wie das NASA-Projekt „Terrestrial Planet Finder" werden vorrangig das schwache Licht erdähnlicher Planeten, die um ferne, sonnenähnliche Sterne kreisen, suchen und analysieren.

Diese Methode ermöglicht durch genaue Analyse der in der Atmosphäre vorhandenen Gase eine Einschätzung, ob dort Leben existieren könnte. Zum Beispiel ist Sauerstoff ein Schlüsselindikator, da auf Kohlenstoff basierendes Leben die einzige bekannte Quelle für eine stetige Sauerstoffabgabe in die Atmosphäre eines terrestrischen Planeten ist. Sauerstoff ist beispielsweise das Abfallprodukt der Photosynthese durch Bakterien in den Meeren der Erde. Sauerstoff in Form von Ozon wäre ein eindeutiger Indikator für biologische Aktivität. Ob diese Fingerabdrücke des Lebens nun auf vielen oder so gut wie keinen Planeten entdeckt werden – die Ergebnisse werden in jedem Fall für das Verständnis des Ursprungs und der Entwicklung irdischen Lebens von großer Bedeutung sein. Sollten beispielsweise chemische Lebensspuren häufig vorkommen, dürften diese fernen Welten auch verschiedene Altersstufen in der Entwicklung des Lebens aufweisen. Dann ließen sich eine Anzahl biochemischer Merkmale differenzieren, die uns verraten, wie primitives Leben die Planeten im Laufe von Jahrmilliarden verändert. In der Tat würde uns die Entdeckung einer Reihe erdähnlicher Planeten in die Lage versetzen, den evolutionären Fortschritt auf unserem eigenen Planeten zu studieren.

Darwin könnte bereits im zweiten Jahrzehnt dieses Jahrhunderts gestartet und nach vorausgehendem dreijährigen Raumflug in seine ferne Umlaufbahn gebracht werden. Möglicherweise ließe sich dieses ESA-Projekt sogar mit einer ähnlichen, von der NASA erwogenen Mission namens „Terrestrial Planet Finder" kombinieren. Außer der Entdeckung erdähnlicher Welten würden die für diese Missionen entwickelten Technologien den Weg für noch ehrgeizigere interferometrische Konzepte im All ebnen. Sie sehen die Kopplung von Signalen zwischen Einzelteleskopen vor, die tausende von Kilometern getrennt sind.

Jenseits des Lichts

Unsere Kenntnis des Universums verdanken wir großenteils Teleskopen und damit beobachtetem Licht. Es gibt aber noch andere Fenster ins All, die es mittels neuer Technologien zu öffnen gilt. Besonders wichtig ist die direkte Entdeckung der von Sternen und Galaxien ausgehenden Gravitationswellen. Bei der Entwicklung seiner Allgemeinen Relativitätstheorie sagte Albert Einstein voraus, aufgrund der Raumkrümmung durch massereiche Objekte müsse jede Bewegung dieser Körper Störungen verursachen. Sie sollen sich wellenförmig durch die Raum-Zeit ausbreiten ähnlich den Ringen, die entstehen, wenn man einen Stein ins Wasser wirft. Solche kosmischen „Kräuselungen" nennt man Gravitationswellen und ihre Entdeckung eröffnet der beobachtenden Astronomie ein fantastisches Forschungsgebiet. Wie das Licht Hinweise auf Temperatur und Zusammensetzung eines Objekts geben kann, so transportieren Gravitationswellen Informationen über dessen Masse und Bewegung. Starke Gravitationswellen sind demnach von so heftigen und energiereichen Ereignissen wie der Verschmelzung von Neutronensternen und Weißen Zwergen, dem Nachhall von Supernova-Explosionen und der Bewegung von Schwarzen Löchern im Zentrum kollidierender Galaxien zu erwarten. Durch ihr Studium könnten wir viel Neues über die Wirkungsweise der Schwerkraft im Universum lernen.

Diese Störungswellen der Raum-Zeit sind extrem schwach und wurden tatsächlich bisher noch nicht entdeckt, was im Gegenzug den Bau neuer Hightech-Detektoren erfordert. In einem gemeinsamen Projekt von NASA und ESA wird derzeit ein speziell zur Entdeckung von Gravitationswellen im Weltraum ausgelegter Detektor konzipiert. Die „Laser Interferometer Space Antenna" (LISA) wird auf der Suche nach Gravitationswellen das Universum abtasten, wie das kein „normales" Teleskop vermag. Diese neue Mission wird drei identische Raumsonden umfassen, die im Abstand von 5 Millionen km in Form eines gleichseitigen Dreiecks platziert werden. Die Positionen der Sonden werden hochpräzise nachgeführt, um die Auswirkungen passierender Gravitationswellen zu messen, die Verzerrungen hervorrufen und die relationalen Raumkoordinaten verändern würden. Im Zentrum jeder Sonde wird sich eine kleine Box mit freischwebenden Würfeln oder „Testmassen" befinden, die vollständig von anderen externen Störeinflüssen abgeschirmt sind. Nur ihre winzigen, mittels Lasertechnik akkurat erfassten Bewegungen werden die Wirkung von Gravitationswellen verraten.

LISA könnte 2011 an den Start gehen und in 50 Millionen km Entfernung von der Erde postiert werden, um die schwankenden Auswirkungen der Erdanziehungskraft zu verringern. Während ihrer auf fünf Jahre veranschlagten Betriebsdauer wird sie Quellen von Gravitationswellen aus unterschiedlichen Himmelsrichtungen lokalisieren. Neben der Überprüfung von Einsteins Theorien wird das Studium der Gravitationswellen einzigartige Informationen über die innere Struktur von Zonen mit extremer Schwerkraft liefern und unser Wissen über die im Universum geltenden grundlegenden physikalischen Gesetze verbessern.

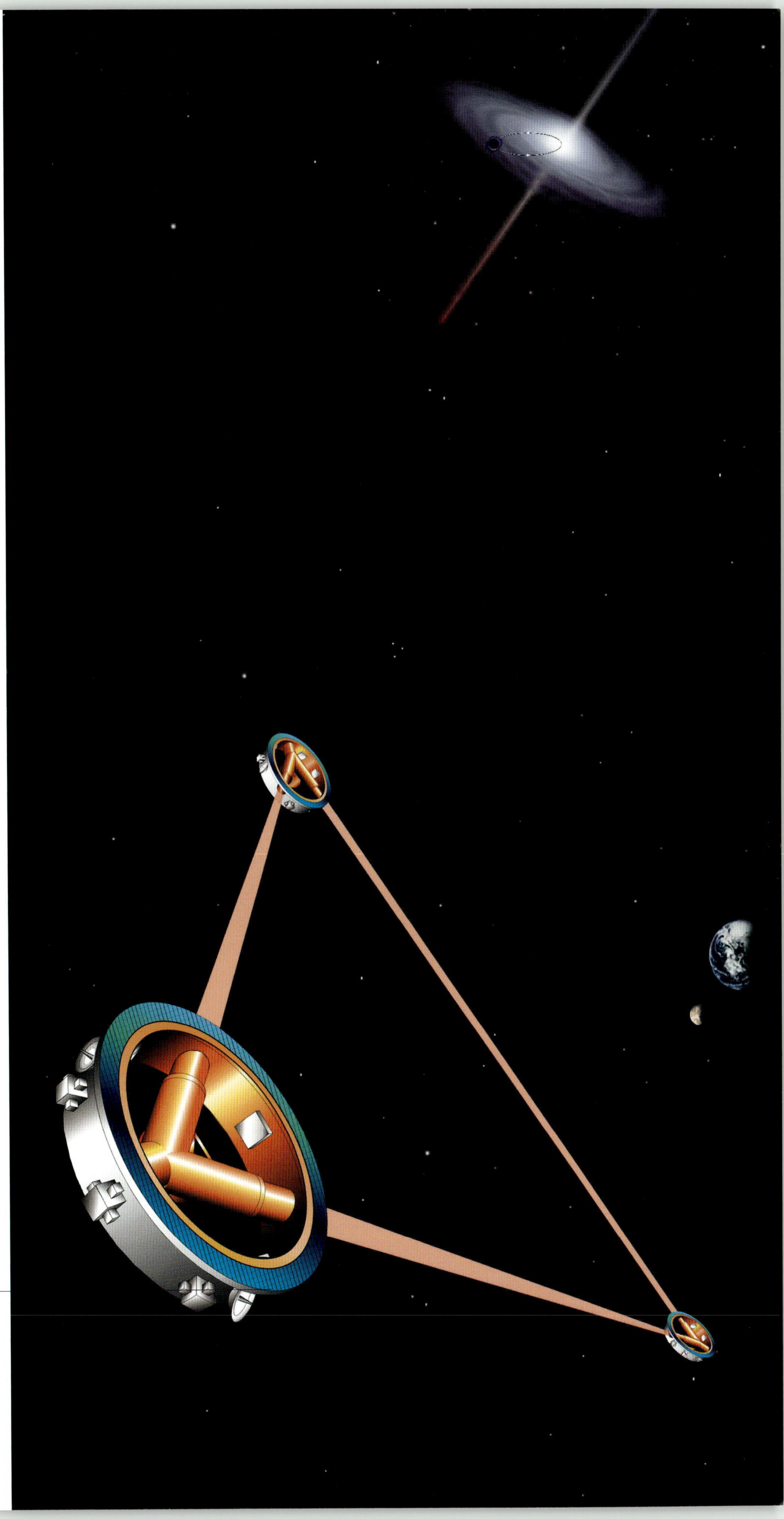

Die angedachte Dreiecksformation des LISA-Observatoriums im Weltraum. Diese innovative und anspruchsvolle Konstruktion soll neue Fenster zum Universum öffnen, indem sie Gravitationswellen von fernen Sternen und Galaxien registriert.

Segeltörn zu den Sternen

Die Forschungserfolge der letzten 40 Jahre beruhen auf der gestiegenen optischen Leistung von Teleskopen, aber auch auf Reisen durch unser Sonnensystem, bei denen Raumsonden sämtliche Planeten außer Pluto besuchten. In den kommenden Jahrzehnten dürfte es zu noch spektakuläreren Missionen kommen – von roboterbetriebenen Mondstationen über das Anzapfen der Ozeane unter Europas Eiskruste, vielleicht bis hin zu einer bemannten Marsmission. So komplizierte Unternehmungen werden zweifellos neue Technologien erfordern, aber sie werden auch die Kreativität künftiger Generationen auf konkrete Ziele lenken. Direkte Erkundungen unseres Sonnensystems werden der Menschheit Raumflüge außerhalb unseres Sonnensystems mit Kurs zu den nächstgelegenen Sternen ermöglichen. Unser abschließender Blick in die Zukunft gilt der faszinierenden Möglichkeit, Sonnensegel als Antrieb für Raumschiffe über gewaltige Entfernungen einzusetzen.

Das Problem der heute in der Raumfahrt eingesetzten Antriebstechnik ist, dass sie fast ausschließlich auf Treibstoff basiert. Boosterraketen erzeugen eine starke Schubleistung für den ersten Teil der Reise, dann gleitet das Raumschiff antriebslos seinem Ziel entgegen. Diese Methode ist für große Entfernungen ungeeignet, da man nur langsam vorankommt und enorme Treibstoffmengen mitführen muss. In den letzten Jahren haben technologische Entwicklungen die Möglichkeit eröffnet, dass Raumschiffe künftig treibstofflos durch Sonnensegel angetrieben werden könnten. Aufgrund dieser Erfindung würde die Strahlungsenergie der Sonne als Hauptantriebsquelle genutzt. Nach dem Abheben von der Erde würde ein mehrere 100 m großes, federleichtes Segel aufgespannt, um die Sonnenenergie „einzufangen"; den Schub würden Lichtphotonen besorgen, indem sie – ähnlich wie der Wind bei einem Segelboot – Druck auf das Segel ausüben. Berechnungen zufolge sollen die Sonnensegel eine bis zu fünfmal höhere Reisegeschwindigkeit als heutige Raketenantriebe ermöglichen. Der Effekt ließe sich durch kurzfristigen Einsatz von Hochleistungslasern als zusätzlicher Energiequelle noch steigern. Tatsächlich haben NASA-Wissenschaftler bereits mikrowellen- und laserbetriebene Segel im Labor getestet.

Die Segel müssten aus leichtem, hochreflektierendem Material bestehen, das elektrischer Ladung und extremen Temperaturen standhält. Die Technologie zu ihrer Herstellung ist in Reichweite: Beispielsweise wird ein zäher Kohlefaserträger auf der sonnenzugewandten Seite mit einer hauchdünnen Schicht aus reflektierendem Aluminium versehen. Wie ein riesiger Spiegel würde ein solches Segel das Sonnenlicht reflektieren und das Raumschiff durch die Energie der Photonen vorantreiben. Eine größere Herausforderung dürfte die Frage sein, wie das Segel im Weltraum verpackt, entfaltet und betrieben werden kann.

Es ist geplant, dass eine durch Sonnensegel (und Laserlicht) angetriebene interstellare Raumsonde spätestens 2020 zu einem Flug ins Weltall aufbricht. Nach dem Start würde ein Segel von fast einem halben Kilometer Durchmesser entfaltet, das nach

Die Entwicklung neuer Riesenteleskope wird gewiss in den nächsten zwei Jahrzehnten unsere Sicht des Universums erweitern; aber die größte Herausforderung ist der Bau von Raumschiffen, die unsere Nachbarsterne erreichen. Diese technische Leistung wird unser Verständnis stellarer Umgebungen ähnlich revolutionieren wie Raumflüge unsere Kenntnis des Sonnensystems erweitert haben.

Eine Bildsequenz vom ersten Nachweis des plutoähnlichen Planetoiden namens Sedna durch irdische Teleskope (siehe Pfeil). Das Objekt ist dreimal weiter von der Erde entfernt als Pluto und somit der fernste derzeit bekannte Himmelskörper im Sonnensystem. Künftige Raumschiffe könnten diese äußeren Bereiche absuchen und auf viele weitere Planetoiden wie Sedna stoßen.

seiner Ausrichtung zur Sonne mit einem ersten kräftigen Anschub durch Sonnenenergie die Sonde über Wochen und Monate immer weiter beschleunigen würde, bis schließlich 320000 km/h Endgeschwindigkeit erreicht wären. Diese Sonde würde in acht Jahren die gleiche Strecke zurücklegen wie *Voyager 1* in mehr als vier Jahrzehnten seit seiner Mission zu Jupiter und Saturn in den späten 1970er-Jahren. Sie könnte neue Einblicke in die äußersten Bereiche unseres Sonnensystems und jenseits davon in das interstellare Medium liefern. Es ist beabsichtigt, dass sie bereits nach wenigen Jahren eine Region erreicht, die mindestens 200-mal weiter von der Sonne entfernt ist als die Erde. Nach dem Vorbeiflug am Pluto würden etliche Rätsel zur Geschichte des Sonnensystems gelüftet. Von besonderem Interesse wäre die Erforschung der Oortschen Wolke, einer gewaltigen Ansammlung von Eiskometen, die sich fast über die halbe Distanz bis zu unserem Nachbarstern erstreckt. Ein Beispiel dafür, welche Art Objekte in der Oortschen Wolke ihrer Entdeckung harren, ist der kürzlich gefundene plutoähnliche Planetoid namens Sedna. Er ist an seinem fernsten Punkt 130 Milliarden km von der Sonne entfernt, was fast der 900-fachen Entfernung zwischen Erde und Sonne entspricht. Sedna ist das fernste bislang entdeckte Objekt im Sonnensystem, ihr Durchmesser beträgt weniger als 1700 km, und sie ist nur durch starke Teleskope als schwacher Lichtpunkt erkennbar. Man vermutet, dass ein Raumschiff auf seinem Flug durch die Oortsche Wolke noch vielen anderen Objekten wie Sedna begegnen würde.

Außer zu Entdeckungen im Sonnensystem und dessen näherem Umfeld soll die Sonde auch als Vorläufer einer Reihe künftiger Raumschiffe dienen. Voraussetzung ist die Realisierbarkeit von Sonnensegeln als zuverlässiger Hochgeschwindigkeitsantrieb. Als unmittelbarer Lohn winkt der leichtere Transport von Nutzlasten zu künftigen Außenposten auf dem Mond oder Mars. Jenseits davon wartet das verheißungsvolle Ziel, die nächst gelegenen Sterne zu erreichen, angefangen beim fast viereinhalb Lichtjahre entfernten Sternsystem von Alpha Centauri. Vor der Realisierung eines so ehrgeizigen Projekts gilt es in enorm vielen Bereichen technologische Durchbrüche zu erzielen; nicht zuletzt muss das Raumschiff hinlänglich autonom gemacht und ein Verfahren entwickelt werden, um über diese riesigen Entfernungen zu kommunizieren. Die exotischen Antriebskonzepte, über die heute in Forschungszentren spekuliert wird, reichen von starken Segeln bis zum Einsatz von Antimaterie, modifizierter Schwerkraft und Quanten-Teleportation.

Die kommenden zwei Jahrzehnte könnten die Grenzen menschlicher Eroberung neu definieren und zugleich komplizierte wissenschaftliche und philosophische Fragen aufwerfen. Anspruchsvolle Weltraumprojekte mit klar umrissenen Zielen bilden die spannende Ergänzung zu den Megateleskopen der Zukunft. Gemeinsam werden diese Fortschritte unsere Erkenntnisse über das Universum bereichern.

Mit leichten, durch Sonnenstrahlung und starke Laser angetriebenen Segeln könnten künftige Raumschiffe enorme Geschwindigkeiten erreichen. Damit würden Flüge zu den Grenzen des Sonnensystems und darüber hinaus durchführbar.

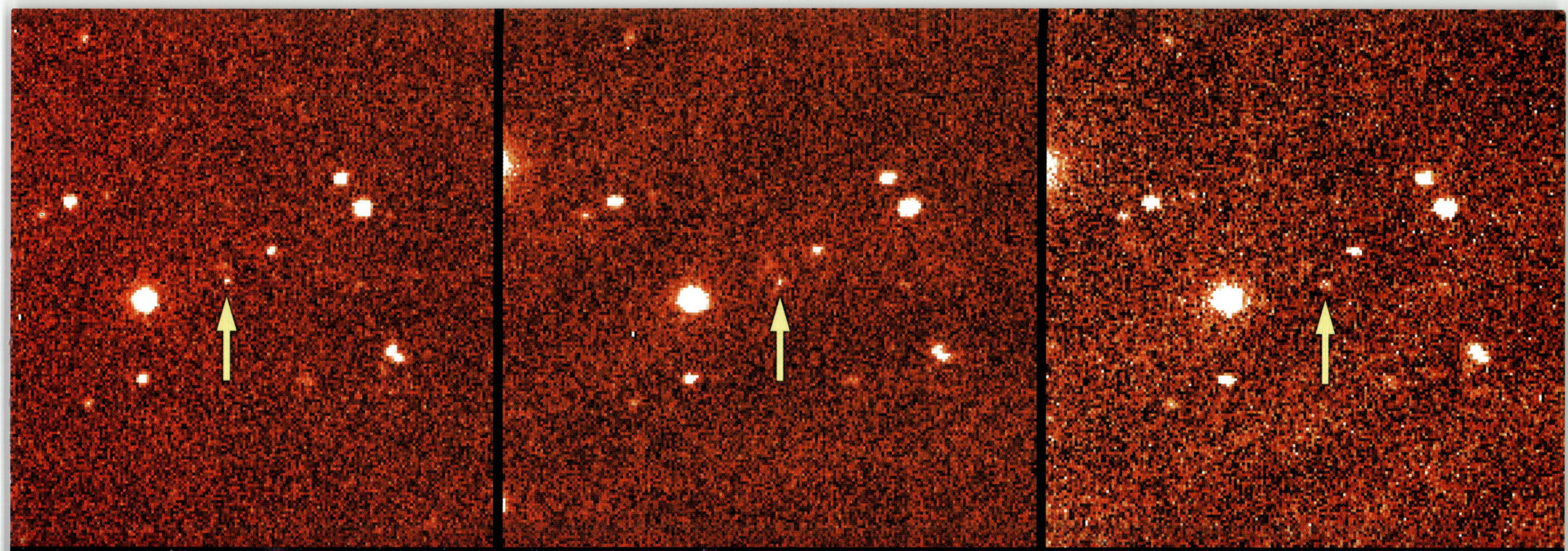

Glossar

Abströmung Von einem Stern oder einer Galaxie ausgehender Strom aus Gas und Partikeln.

Akkretion Langsame Massezunahme, z. B. eines entstehenden Sterns durch ständige Anlagerung von Gas.

Akkretionsscheibe Materie, die ein massereiches Objekt, etwa einen Stern oder ein Schwarzes Loch in Form einer Scheibe umkreist und von diesem angezapft wird.

Allgemeine Relativitätstheorie Von Albert Einstein zu Beginn des 20. Jahrhunderts entwickelte Theorie, die Gravitation, Beschleunigung und die Struktur des Raums in einen Bezug setzen sollte.

Asteroid Kleiner Himmelskörper aus Gestein.

Aurora Lichterscheinung, die auftritt, wenn geladene Sonnenwindteilchen in Polnähe in die Erdatmosphäre eindringen; auch Nord- bzw. Südlichter genannt

Ausgasung Freisetzung von Gasen in die Atmosphäre eines Planeten als Folge vulkanischer Aktivität.

Brauner Zwerg Ein „gescheiterter Stern", größer als Planeten, aber nicht so massereich, dass in seinem Kern die Fusion von Wasserstoff zünden konnte.

Cepheiden-Veränderliche Klasse hell „blinkender" Sterne, deren Helligkeit zyklisch schwankt. Die Periodendauer steht in Bezug zur wahren Helligkeit des Sterns, wodurch er sich für astronomische Entfernungsmessungen eignet.

Chromosphäre Untere Atmosphäre der Sonne zwischen Photosphäre und Korona.

Dichte Das Verhältnis der Masse eines Körpers zu seinem Volumen.

Doppelsternsystem Zwei Sterne, die durch Gravitationskräfte verbunden sind und sich gegenseitig umkreisen. Viele Sterne sind Komponenten von Doppelsternsystemen.

Dopplereffekt Änderung der Lichtfarbe, wenn die Lichtquelle und das Beobachtungsgerät sich in Relation zueinander bewegen. Ein ähnlicher Effekt ist z.B. bei der Tonhöhenänderung einer vorbeifahrenden Polizeisirene feststellbar.

Druck Kraft, die auf eine bestimmte Fläche ausgeübt wird.

Dunkle Energie Energie, die als Ursache der sich beschleunigenden Ausdehnung des Weltalls in Frage kommt.

Dunkle Materie Rätselhafte Komponente des Universums mit den Eigenschaften von Masse und folglich auch Schwerkraft, die jedoch kein wahrnehmbares Licht im elektromagnetischen Spektrum aussendet.

Elektromagnetische Strahlung oder Licht Besteht aus Wellen, die sich durch elektrische und magnetische Felder bewegen.

Elektromagnetisches Spektrum Das gesamte Lichtspektrum, definiert durch Wellenlänge, Frequenz oder Energie. Hierunter fallen u. a. Röntgen-, ultraviolettes und sichtbares Licht.

Elektron Negativ geladenes subatomares Teilchen, das sich normalerweise um den Kern eines Atoms bewegt.

Element Stoff, der nicht durch chemische Prozesse in eine einfachere Substanz überführt werden kann.

Elliptische Galaxie Galaxie mit ovaler Gestalt. Elliptische Galaxien besitzen kaum interstellares Gas und bestehen vorwiegend aus älteren, roten Sternen.

Ereignishorizont Grenze, die den Punkt ohne Wiederkehr zwischen einem Schwarzen Loch und dem äußeren Universum markiert.

Erosion Verwitterung geologischer Gebilde durch Einwirkung von Wasser, Wind, Eis usw.

Exobiologie Studium des Lebens, wie es außerhalb der Erde existieren könnte.

Extragalaktisch Alles jenseits unserer Milchstraße.

Extrasolarer Planet oder Exoplanet Planet, der einen anderen Stern als die Sonne umkreist.

Flare Strahlungsausbruch in oder nahe einer aktiven Sonnenregion.

Frequenzband Breiter Bereich des elektromagnetischen Spektrums wie UV-, Röntgen- oder sichtbares Licht.

Fusion Nuklearer Prozess, bei dem leichte Atomkerne unter großer Energieabgabe zu schwereren verschmelzen.

Galaktischer Kannibalismus Vereinigung, bei der eine größere Galaxie eine kleinere verschluckt.

Galaxie Ansammlung aus Millionen und Milliarden von gravitativ verbundenen Sternen plus Gas und Staub.

Galaxis Unsere eigene Galaxie (Milchstraße).

Gammastrahlen Die energiereichste Form elektromagnetischer Strahlung.

Geschwindigkeit Schnelligkeit, mit der Entfernungen in einer bestimmten Zeit und Richtung zurückgelegt werden.

Gezeitenkräfte Schwankungen der Gravitationskraft, die auf einen Körper wirkt, der von einem anderen, größeren Körper angezogen wird. Dies kann zur Verformung des kleineren Körpers führen.

Globulen Kleine, runde und dunkle Gas- und Staubwolken im interstellaren Raum.

Granulen Zirkulierende Zellen aus Gas auf der Photosphäre genannten Sonnenoberfläche.

Gravitation Gegenseitige Anziehungskraft zwischen Objekten mit einer Masse; je größer die Masse, desto stärker die Anziehungskraft.

Gravitationslinse Zufällige Anordnung von Objekten im Weltraum, bei der das vordere Objekt ein weit dahinter liegendes aufgrund gravitationsbedingter Lichtablenkung vergrößert erscheinen lässt.

Gravitationswellen Die Allgemeine Relativitätstheorie sagt voraus, dass sich Gravitationswellen mit Lichtgeschwindigkeit ausbreiten und Verzerrungen des Raums verursachen.

Großräumige Struktur Struktur des Weltalls auf Skalen von mehreren hundert Millionen Lichtjahren unter Einbeziehung von Galaxienhaufen.

Halo Die äußersten Regionen einer Galaxie mit kugelförmiger, spärlicher Verteilung von Sternen und Haufen.

Helioseismologie Studium der solaren Vibrationen (Schwingungen).

Hubbles Gesetz Gesetz, das die beobachtete Fluchtgeschwindigkeit einer Galaxie in Beziehung zu ihrer Entfernung von uns stellt.

Hypernova Vielfach stärkere Version einer Supernova-Explosion, setzt einen extrem massereichen Stern voraus.

Impuls Maß für den Zustand eines bewegten Körpers, definiert als das Produkt aus seiner Masse und seiner Geschwindigkeit.

Inflation Hypothetische Phase im sehr jungen Universum, in der sich vermutlich der Raum für kurze Zeit extrem schnell ausdehnte.

Infrarotstrahlung Bereich des elektromagnetischen Spektrums, der sich gleich an das rote Ende des sichtbaren Spektrums anschließt.

Interstellares Medium Gemisch aus Gas und Staub im Raum zwischen Sternen.

Irreguläre Galaxie Galaxie ohne offensichtliche Symmetrie, die weder zur Klasse der Spiral- noch der elliptischen Galaxien gehört.

Jovianischer Planet oder Riesenplanet Großer, jupiterähnlicher Planet, der hauptsächlich aus Gas und nicht aus Gestein oder Metall besteht.

Kern Das schwere, aus Protonen und Neutronen bestehende Innere eines Atoms, das von einem oder mehreren Elektronen umkreist wird; auch die Zentralregion einer Galaxie.

Komet Kleiner Himmelskörper, vorwiegend aus Staub und Eis, der die Sonne auf einer elliptischen Bahn umkreist. Bei Annäherung an die Sonne verdampft ein Teil seiner Materie und bildet einen langen Schweif.

Korona Zarte, heiße äußere Atmosphäre der Sonne.

Koronaler Massenauswurf (CME) Kurzzeitiges Ereignis, bei dem die Sonne auf einen Schlag Milliarden Tonnen Gas ins All katapultiert.

Koronograf Instrument zum Abschatten des Zentrallichts eines Sterns, damit man dessen Umgebung betrachten kann.

Kosmische Hintergrundstrahlung (CMBR) Schwaches Nachglühen des Urknalls, entstanden bei der Geburt des Universums. Die CMBR wird einheitlich als Mikrowellenstrahlung aus allen Richtungen des Weltalls empfangen.

Kosmische Strahlen Teilchen wie Elektronen und Protonen, die sich annähernd mit Lichtgeschwindigkeit durch das Weltall bewegen.

Kosmologie Das Studium der Struktur und Entwicklung des Universums als Gesamtheit.

Kruste Äußere Oberflächenschicht eines terrestrischen Planeten.

Kugelsternhaufen In galaktischen Halos gelegene Ansammlung aus tausenden, ja zuweilen Millionen durch Gravitationskräfte gebundener Sterne.

Laser Gerät zur Verstärkung eines Lichtsignals von einer bestimmten Wellenlänge zu einem kohärenten Strahl.

Leeren Regionen im Weltraum zwischen Superhaufen von Galaxien, in denen es offenbar keine leuchtende Materie gibt.

Lichtjahr Die Strecke, die das Licht innerhalb eines Jahres im Vakuum zurücklegt. Ein Lichtjahr entspricht 9,46 Billionen km.

Lokale Gruppe Ansammlung von Galaxien, zu der auch unsere Milchstraße und ihre nächsten Nachbarn gehören.

Lösungsmittel Flüssigkeit, die eine andere Substanz auflösen oder verdünnen kann.

Magnetfeld Die Zone eines Raums, innerhalb der die magnetischen Kräfte eines magnetisierten Objekts messbar sind.

Magnetische Pole Die Punkte auf einem magnetischen Körper (wie der Erde), an denen die magnetische Feldliniendichte am höchsten ist.

Mantel der Erde Schicht im Erdinneren zwischen dem Kern und dicht unterhalb der Kruste.

Masse Maß für die Menge des Stoffs, aus der ein Körper besteht.

Messier Von Charles Messier Ende des 18. Jahrhunderts erstellter Katalog von Nebeln, Sternhaufen und Galaxien.

Metalle In der Astrophysik (im Gegensatz zur üblichen Definition) alle Elemente außer Wasserstoff und Helium.

Meteorit Überreste eines Meteors, der beim Eintritt in die Atmosphäre nicht verglüht ist und auf der Erde einschlägt.

Mikroorganismus oder Mikrobe Ein Organismus, der so klein ist, dass er nur im Mikroskop sichtbar ist.

Milchstraße Leuchtendes Band am Nachthimmel, aus den Sternen und Nebeln bestehend, die in der Nähe der Scheibenebene unserer Galaxis liegen.

Molekülwolke Kalte, dichte interstellare Wolke, überwiegend aus Wasserstoffmolekülen.

Nebel Wolke aus Gas und Staub im Weltall.

Neutrino Elementarteilchen, das sich mit oder annähernd mit Lichtgeschwindigkeit bewegt. Es hat keine Ladung und – wenn überhaupt – nur eine verschwindend geringe Masse.

Neutron Subatomares Teilchen mit protonenähnlicher Masse, aber ohne Ladung.

Neutronenstern Stern mit extrem hoher Dichte, der fast nur aus Neutronen besteht.

Nova Ein „neuer Stern", meist ein Weißer Zwerg, der infolge eines explosiven Ereignisses für kurze Zeit extrem hell aufleuchtet.

nuklear Auf den Atomkern (lat. nucleus) bezogen.

Orbit Umlaufbahn, die ein Himmelskörper um einen anderen Körper oder Punkt beschreibt.

Ozonschicht Gasschicht in der Atmosphäre eines terrestrischen Planeten in einigen dutzend Kilometern Höhe, wo einfallende UV-Strahlung von der Sonne absorbiert wird.

Photon Lichtquant, kleinste Mengenbezeichnung der Lichtenergie.

Photosphäre Zone der Sonnenatmosphäre, aus der sichtbares Licht in den Weltraum entweicht.

Planet Großer, einen Stern umkreisender Himmelskörper aus Gestein oder Gas.

Planetarischer Nebel Die abgestoßene äußere Hülle eines Roten Riesen, die sich über ein Volumen von der Größe unseres gesamten Sonnensystems verteilt.

Plasma Vollständig oder teilweise ionisiertes Gas.

Proton Subatomares Teilchen mit der gegensätzlichen Ladung eines Elektrons, jedoch mit viel größerer Masse.

Protoplanet Ein Planet während seines Entstehungsprozesses.

Protostern Kollabierende Masse aus Gas und Staub, aus der einst ein Stern geboren wird.

Protuberanzen Aus einer aktiven Region über der Photosphäre der Sonne ausgestoßene Schleifen oder Fontänen aus leuchtendem Gas.

Pulsar Schnell rotierender Neutronenstern mit starken Magnetfeldern, die energiereiche Partikel mit enormer Geschwindigkeit herausschleudern. Die emittierte Strahlung wird auf der Erde in Form kurzer, regelmäßiger Radioimpulse empfangen.

Quasar Kern einer hochaktiven Galaxie, der wie ein Stern aussieht, sich jedoch in riesiger extragalaktischer Entfernung von uns befindet.

Radar Technik, die ein Objekt mit Radiowellen beschießt und dann die von dem Objekt reflektierte Strahlung auffängt.

Radioteleskop Soll Strahlung im Radiowellenbereich entdecken und auffangen.

Regolith Schicht aus winzigen Gesteinstrümmern, welche die Oberfläche unseres Mondes bedecken.

Riese Entwicklungsstadium im Leben eines Sterns, wenn der Wasserstoffvorrat für die nukleare Fusion in seinem Kern erschöpft ist. Als Folge davon kann sich der Stern auf die zehn- bis hundertfache Größe der Sonne aufblähen.

Röntgenstrahlung Energiereiche elektromagnetische Strahlung, die Wellenlänge der Photonen liegt zwischen der von UV- und Gammastrahlung.

Roter Riese Kühler Riesenstern mit hoher Leuchtkraft und geringer Oberflächentemperatur.

Rotverschiebung Die Verschiebung des von fernen, uns fliehenden Galaxien ausgesandten Lichts hin zum längerwelligen Spektrum.

Scheibe Flaches, rotierendes Gebilde aus Gas und möglicherweise Staub.

Schlot Loch oder Öffnung in der Kruste eines Planeten.

Schwarzes Loch Objekt oder Raumregion mit so starker Anziehungskraft, dass nichts (nicht einmal Licht) entweichen kann.

Schwere Elemente Alle Elemente außer Wasserstoff und Helium.

Sediment Ablagerung und Verfestigung feiner, meist durch Erosion in Seen und Meeren entstandener Materiekörnchen.

Sonnenfinsternis Bedeckung der Sonne durch den Mond, hervorgerufen durch den Mondtransit vor der Sonne.

Sonnenfleck Vorübergehend kühlere Region auf der Sonnenoberfläche, die gegen die umliegenden heißeren Regionen dunkel erscheint.

Sonnenwind Strom aus geladenen Partikeln, die mit hoher Geschwindigkeit aus der Sonnenatmosphäre entweichen und ins All davonjagen.

Spektrallinie Strahlung mit charakteristischer Wellenlänge, die durch Emission oder Absorption von Energie durch ein Atom entsteht.

Spektrograph An einem Teleskop installiertes Gerät zur Abbildung eines Spektrums.

Spiralarme Aus der Zentralregion mancher Galaxien abgehende geschwungene Strukturen, die junge Sterne und interstellare Materie enthalten.

Spiralgalaxie Galaxie, deren Gas und Sterne größtenteils in einer flachen Scheibe mit hiervon abgehenden Spiralarmen angeordnet sind. Unsere Milchstraße ist eine solche Spiralgalaxie.

Starburst Galaxie oder Bereich innerhalb einer Galaxie mit extrem hoher Sternentstehungsrate.

Staub Mikroskopische Teilchen aus fester Materie, wie sie im interstellaren oder interplanetarischen Raum vorkommen.

Stern Massereiche Gaskugel, die aufgrund eigener Energieproduktion leuchtet.

Sternbilder Gruppen von Sternen am Himmelsgewölbe, die schon seit der Antike mit mythologischen Gestalten oder Tieren assoziiert werden.

Sternentwicklung Veränderungen von Struktur und Eigenschaften eines Sterns im Lauf der Zeit, normalerweise über Jahrmillionen.

Sternhaufen Gruppen von Sternen, die durch Gravitationskräfte miteinander verbunden sind.

Sternwind Ausstoß von gasförmigem Material mit hoher Geschwindigkeit durch einen Stern.

Strahlung Bezieht sich auf elektromagnetische Strahlung wie sichtbares, infrarotes, ultraviolettes Licht usw.

Subatomare Teilchen Im Vergleich zur Größe eines Atoms kleine Partikel.

Superhaufen Ansammlung mehrerer Galaxienhaufen, die eine große Distanz im Weltraum überspannen, aber nicht unbedingt in gravitativer Abhängigkeit stehen müssen.

Supernova Explodierender Stern, eines der hellsten und gewaltigsten Ereignisse im Universum. Eine Typ I Supernova entsteht, wenn ein Weißer Zwerg Materie in einem Doppelsystem an sich reißt, eine Typ II Supernova bei der Implosion eines massereichen Sterns am Ende seines Lebens.

Temperatur Ein Maß, wie heiß oder kalt ein Objekt ist, und ein Maß für die zufällige Durchschnittsgeschwindigkeit mikroskopischer Partikel in einem Stoff.

Terrestrischer Planet Planet, der hauptsächlich aus Gesteinen und metallischen Substanzen besteht. Erde, Venus und Mars sind terrestrische Planeten.

Thermonukleare Energie Entsteht bei der Fusion leichter Atomkerne, die sich infolge Erhitzens sehr schnell bewegen.

Überriese Entwicklungsstadium bestimmter Sterne. Überriesen sind extrem massereich und können sich bis zur mehrtausendfachen Größe unserer Sonne aufblähen.

Ultraviolette Strahlung Elektromagnetische Strahlung im Bereich knapp außerhalb des sichtbaren Spektrums, deren Wellenlängen etwas kürzer als blaues Licht sind.

Universum Die absolute Gesamtheit von Raum, Zeit, Materie und Energie.

Urknall- oder Big-Bang-Theorie Kosmologische Theorie, um die Ausdehnung des Weltalls zu beschreiben, die vermutlich mit einem explosiven Ereignis begann.

Verbindung Substanz, die in Elemente aufgespalten werden kann.

Verfinsterung oder Eklipse Ereignis im Weltraum, bei dem ein Objekt sich vor ein zweites schiebt.

Verschmelzung von Galaxien Das Resultat zweier kollidierender Galaxien, wobei eine neue Galaxie entsteht.

Vorläuferstern Explodiert schließlich als Supernova.

Vulkan Ausbruch heißer Lava, die von unter der Kruste eines Planeten oder Mondes zur Oberfläche durchbricht.

Weißer Zwerg Endzustand nach dem Kollaps eines Sterns, dessen nuklearer Brennstoff erschöpft ist und der aufgrund von Restwärme leuchtet.

WIMPs (weakly interacting massive particles) Hypothetische Partikel, die einen Teil der unsichtbaren Dunkelmaterie im Universum ausmachen könnten.

Winkeldurchmesser Betrachtungswinkel, unter dem der Durchmesser eines fernen Objekts erscheint.

Register

Kursive Seitenzahlen beziehen sich auf Bildlegenden

H

I

J

K

L

M

N

O

P

Q

R

S

T

U

V

W

X

Y

Z

Bildnachweis

Abkürzungen: ACS Advanced Camera for Surveys; APOD Astronomy Picture of the Day; ASU Arizona State University; AURA Association of Universities for Research in Astronomy; Caltech California Institute of Technology; CXC Chandra X-Ray Center; DLR Deutsche Forschungsanstalt für Luft- und Raumfahrt; ESA Europäische Raumfahrtbehörde; ESO Europäische Südsternwarte; FU Freie Universität; GSFC Goddard Space Flight Center; IAEF Institut für Astrophysik und Extraterrestrische Forschung der Universität Bonn; IPAC Infrared Processing and Analysis Center; JHU John Hopkins University; JPL Jet Propulsion Laboratory; MIT Massachusetts Institute of Technology; MLO Mount Laguna Observatory; MSSS Malin Space Science Systems; NAOJ National Astronomical Observatory of Japan; NASA National Aeronautics and Space Administration; NOAO National Optical Astronomy Observatory; NRAO National Radio Astronomy Observatory; NRL Naval Research Laboratory; NSF National Science Foundation; PIRL Planetary Image Research Laboratory; PPARC Particle Physics and Astronomy Research Council; SAO Smithsonian Astrophysics Observatory; SDSU South Dakota State University; SNO Sudbury Neutrino Observatory; STScI Space Telescope Science Institute; UCO/LO University of California Observatories/Lick Observatory; UCSB University of California, Santa Barbara; UIUC University of Illinois at Urbana-Champaign; 2MASS Two Micron All-Sky Survey; VLA Very Large Array; WMAP Wilkinson Microwave Anisotropy Probe

2 NASA/Hubble Heritage Team, STScI; 5 as 32; 7 mit frdl. Genehmigung APOD/M Schirmer, IAEF/W Gieren, University de Concepcion, Chile/ESO; 8–9 Science Photo Library/STScI/NASA; 11 ESA/DLR/G Neukum, FU Berlin; 12–13 NASA/JPL/Cornell; 14 NASA/GSFC/Aufnahme Reto Stöckli, Nachbearbeitung Robert Simmon; 16–17 NASA/JPL/Cornell; 18–19, 20, 21 NASA/JPL/MSSS; 23 Science Photo Library/NASA; 24 NASA/JPL/US Geological Survey; 27 NASA/JPL/DLR; 28 NASA/JPL/University of Arizona; 29 Science Photo Library/NASA; 30 NASA/JPL/PIRL/University of Arizona; 32–33 NASA/JPL/STScI; 35, 36–7 NASA/JPL/US Geological Survey; 38–39 NASA/JPL; 40–41 NASA/STScI/C R O'Dell and S K Wong, Rice University; 42 NRL; 43 Science Photo Library/NASA; 44 Science Photo Library/STScI/NASA; 46–47 NASA/STScI/G Bacon; 48–49 PPARC/David A Hardy, astroart.org; 52–53 NASA/JPL/NOAO/ESA/STScI und das Hubble Heritage Team; 54 Science Photo Library/STScI/NASA; 56–57 NASA/STScI/ESA/M Romaniello, ESO; 58 NASA/STScI/ESA/J Hester, ASU; 60–61 NASA/M Clampin, G Hartig, STScI/H Ford, JHU/G Illingworth, UCO/LO/ASC Science Team/ESA; 62-3 ESO; 64–65 Science Photo Library/Mark Garlick; 67 NASA/STScI; 68-9 Science Photo Library/STScI/NASA; 70–71 NASA/STScI/ESA/R Thompson, University of Arizona; 72–73, 75 Science Photo Library/STScI/NASA; 77, 78–79 NASA/GSFC/WMAP Science Team; 82–83 X-ray: NASA/UIUC/Y Chu & R Gruendel, optical SDSU/MLO/Y Chu u.a.; 84 NASA/A Fujii, D Malin, David Malin Images/STScI/Hubble Heritage Team; 87 NASA; 88–89 NASA/GSFC; 90–91 Science Photo Library/NASA; 92–93 Königlich Schwedische Akademie der Wissenschaften/Institut für Solarphysik; 95–96 NASA; 97 X-ray: NASA/CXC/Rutgers/J Warren et al, optical NASA/STScI/UIUC/Y Chu; 98–99 Science Photo Library/STScI; 100–101 NASA/H E Bond, STScI/ESA; 102–103 NASA/NOAO/ESA/das Hubble Helix Nebula Team/M Meixner, STScI/T A Rector, NRAO; 104–105 NASA/CXC/J Hester u.a., ASU; 106–107 ASA/JPL/STScI, Hubble Heritage Team; 109 Subaru Telescope/NAOJ. Alle Rechte vorbehalten; 110–111 NASA/STScI, Hubble Heritage Team; 112–113 NASA/M Clampin & G Hartig, STScI/H Ford, JHU/G Illingworth, UCSC/LO/ACS Science Team, ESA; 114 NASA/STScI, Hubble Heritage Team; 115 Subaru Telescope, NAOJ. Alle Rechte vorbehalten; 116–117, 118–9 NASA/F Summers, STScI/C Mihos, Case Western Reserve University/L Hernquist, Harvard University; 120–121 NASA/JPL/2MASS; 122–123 NASA/Caltech/IPAC/2MASS; 124 NASA/Don Figer, STScI; 125 X-ray (blau) NASA/CXC/Northwestern/F Zadeh u. a., (grün) Nobeyama/M Tsuboi, (rot) NRAO/VLA F Zadeh u. a.; 126–127 NASA/CXC/MIT/F K Baganoff u. a.; 129 X-ray: NASA/CXC/M Karovska u. a., Radio 21 cm Aufnahme NRAO/VLA J Van Gorkom/Schminovich u. a., Radio Continuum Aufnahme NRAO/VLA/J Condon u. a., optical Digital Sky Survey, UK Schmidt Teleskop/STScI; 130–131 NASA/CXC/MIT/UCSB/P Ogle u. a., optical NASA/STScI/A Capetti u. a.; 132 NASA/CXC/SAO/H Marshall u. a.; 134–135 Science Photo Library/STScI/NASA; 136–137 NASA/ESA/T M Brown, STScI; 138 NASA/Hubble Heritage Team/A Riess, STScI; 141 Science Photo Library/STScI; 142–143 NASA/N Benitez, H Ford, JHU/T Broadhurst, Racah Insitute of Physics, Hebräische Universität Jerusalem/M Clampin, G Hartig, STScI/G Illingworth, UCO/LO/ACS Science Team/ESA; 144 ESA/NASA/Jean-Paul Kneib, Observatoire Midi-Pyrénées/Caltech; 147 SNO/Lawrence Berkeley National Laboratory; 148 John Rowe Animations/Jodrell Bank Observatory, University of Manchester; 150–151 Corbis/STScI/NASA/Ressmeyer; 153 NASA/CXC/SAO/Hubble Space Telescope; 155 Science Photo Library/STScI/NASA; 156–157 NASA/CXC/ESO; 158–159 NASA/2MASS; 161 Science Photo Library/STScI/NASA; 162–163 NASA/CXC/M Weiss; 165 NASA/CXC/SAO; 166–167 ESA; 168 NASA/John Dowman von John Frassanito & Partnern; 170–171 NOAO/AURA/NSF; 172–173 NASA; 176 ESO; 179 ESA 2002. Illustration Medialab; 181 NASA/JPL; 183 Science Photo Library/STScI/NASA; 185 Michael Carroll/The Planetary Society.

Danksagung des Verfassers

Mein herzlicher Dank gilt Vivien Antwi und den Mitarbeitern von Mitchell Beazley für ihre Mühe und Geduld. Dieses Buch wäre ohne die überragenden Einrichtungen der NASA und ESA nicht möglich gewesen.